一起探寻鸟类世界

YIQITANXUN NIAOLEISHIJIE

吴波◎编著

集知识、故事、欣赏于一体！
生物爱好者必备！

完全
典藏版
探索生物密码

中国出版集团
现代出版社

图书在版编目（CIP）数据

一起探寻鸟类世界 / 吴波编著 . —北京：现代出
版社，2013.1（2024.12重印）

（探索生物密码）

ISBN 978 - 7 -5143 - 1034 - 4

Ⅰ.①一… Ⅱ.①吴… Ⅲ.①鸟类 – 青年读物②鸟类
– 少年读物 Ⅳ.①Q959.7 – 49

中国版本图书馆 CIP 数据核字（2012）第 292904 号

一起探寻鸟类世界

编　　著	吴　波
责任编辑	刘　刚
出版发行	现代出版社
地　　址	北京市朝阳区安外安华里 504 号
邮政编码	100011
电　　话	010 - 64267325　010 - 64245264（兼传真）
网　　址	www. xdcbs. com
电子信箱	xiandai@ cnpitc. com. cn
印　　刷	唐山富达印务有限公司
开　　本	710mm×1000mm　1/16
印　　张	12
版　　次	2013 年 1 月第 1 版　2024 年 12 月第 4 次印刷
书　　号	ISBN 978 - 7 -5143 - 1034 - 4
定　　价	57. 00 元

前 言

　　鹰击长空，鸽翔千里，鸟类自由地翱翔在蔚蓝的天空中，振翅直上，可以说是"天高任鸟飞"！当我们抬头看到各种各样、颜色各异、形态不同的鸟时，或许对这种生灵有几分崇拜和羡慕吧。人类对天空的向往，对展翅飞翔的渴望正是是从鸟儿开始的。

　　作为苍穹霸主的雄鹰和大雕，依然被一些国家奉为国鸟；捕鱼能手鸬鹚、被称为"空中强盗"的贼鸥；高尔基笔下那勇敢的战胜暴风雨的海燕；千百年来中国神话传说中的凤凰……

　　鸟类以自身的特性，千年以来一直被人类重视和敬畏，它们战胜自然界的千变万化，为人类的文明发展贡献多多，如今在全球呼声愈高爱护动物的倡导下，我们更有必要去了解它们。让我们在这里走近它们，了解它们。

　　本书以通俗生动的语言，讲述那些善于飞翔的鸟类的生活习性和特点，并配有上百幅逼真的图片，以翔实、形象的文字，让你身临其境，感受鸟类带给我们的震撼！

目 录

鸟类概述

游 禽

攀 禽

鸟 类 概 述

　　鸟类通常是带羽、卵生的动物，有极高的新陈代谢速率，骨骼多是中空的，所以大部分的鸟类都可以飞翔。

　　最早的鸟类大约出现在 1.5 亿年前的侏罗纪时期。它们的身体呈纺锤形，前肢逐步演化为翼，体表被羽毛所覆盖，体温较为恒定，肌胸非常发达，具有迅速飞翔的能力。骨骼硬、薄、中空，轻便结实。大脑比较发达，头脑敏锐，视力极佳。体内长有气囊，可以进行双重呼吸，鸟类没有膀胱则可以减少身体质量。鸟类的这些身体特征使其很适应在天空飞翔。

　　全球现有鸟类约有 9755 种，中国现有 1331 种。绝大多数鸟类是树栖生活。少数鸟类是地栖生活。水禽类在水中寻食，部分种类有迁徙的习性。

　　鸟类主要分布于热带、亚热带和温带地区。中国的鸟类多分布于西南、华南、中南、华东和华北地区。

起源与进化过程

　　鸟类可能是由侏罗纪蜥龙类进化而来。最早的鸟类表现出与恐龙中的虚古龙有明显的相似性。鸟类在白垩纪得到了很大的发展，到新生代开始，已于现代鸟类的结构无明显差别。可以推测，大约在 2 亿年前，从旧大陆的一支古爬行类动物进化成鸟类，逐渐随着鸟类的繁盛而扩展到新大陆。在适应于多变环境条件的同时，鸟类发生了对不同生活方式的适应辐射。

鸟类是由古爬行类进化而来的一支适应飞翔生活的高等脊椎动物。它们的形态结构除许多同爬行类外，也有很多不同之处。这些不同之处一方面是在爬行类的基础上有了较大的发展，具一系列比爬行类高级的进步性特征；如有高而恒定的体温，完善的双循环体系，发达的神经系统和感觉器官以及与此联系的各种复杂行为等。另一方面为适应飞翔生活而又有较多的特化，如体呈流线形，体表被羽毛，前肢特化成翼，骨骼坚固、轻便而多有合，具气囊和肺，气囊是供应鸟类在飞行时有足够氧气的构造。

气囊的收缩和扩张跟翼的动作协调。两翼举起，气囊扩张，外界空气一部分进入肺里进行气体交换。另外大部分空气迅速地经过肺直接进入气囊，未进行气体交换，气囊就把大量含氧多的空气暂时贮存起来。两翼下垂，气囊收缩，气囊里的空气经过肺再一次进行气体交换，最后排出体外。这样，鸟类每呼吸一次，空气在肺里进行两次气体交换，可见，气囊没有气体交换的作用，它的功能是贮存空气，协助肺完成呼吸作用。

气囊还有减轻身体比重，散发热量，调节体温等作用。这一系列的特化，使鸟类具有很强的飞翔能力，能进行特殊的飞行运动。

 ## 鸟类的祖先——始祖鸟

生活于侏罗纪的启莫里阶，距今约 1.55 亿—1.5 亿年前，因此也被人评为世界上最早区分性别的鸟（现在已经发现了更早的，但大部分书本还没有改变）。这些标本大多只在德国境内发现。

始祖鸟约为现今鸟类的中型大小，有着阔及于末端圆形的翅膀，并有比体形还要长的尾巴。整体而言，始祖鸟可以成长至 1.2 米长。它的羽毛与现今鸟类羽毛在结构及设计上相似。但是除了一些与鸟类相似之处外，还有很多兽脚亚目恐龙的特征：它有细小的牙齿可以用来捕猎昆虫及其他细小的无脊椎生物。始祖鸟亦长有骨质的尾巴，及它的脚有三趾长爪，其中一个趾类似盗龙的第二趾。这些不像现今鸟类有的特征，却与恐龙极为相似。

由于始祖鸟有着鸟类及恐龙的特征，始祖鸟一般被认为是它们之间的连结：可能是第一种由陆地生物转变成鸟类的生物。1970 年，约翰·奥斯特伦姆认定鸟类是由兽脚亚目恐龙演化而来，而始祖鸟就是当中最重要的证据。它保有一些鸟类的特征，例如叉骨、羽毛、翅膀。它亦有一些恐龙特征，例如长的距骨升突、齿间板、坐骨突、头顶上眶前孔内的小骨头及人字形的长尾巴。奥斯特伦姆亦发现始祖鸟与驰龙科很显著地相似。

始祖鸟的首个遗骸是在达尔文发表《物种起源》之后两年的 1862 年发现。始祖鸟的发现似乎确认了达尔文的理论，并从此成为恐龙与鸟类之间的关系、过渡性化石及演化的重要证据。事实上，在戈壁沙漠及中国就恐龙的进深研究提供了更多有关始祖鸟与恐龙的关系的证据，例如长有羽毛的恐龙。大部分人认为始祖鸟较接近现今鸟类的祖先，因它有着很多鸟类的特征。另外，比始祖鸟更接近今鸟的恐龙已被发现。

同许多古代生物的名字一样，始祖鸟的名字也来源于希腊文，意思为"古代的翅膀"，如古翼鸟。但始祖鸟并不是现代鸟类的始祖。

保存下来的每件远古鸟类化石都价值连城。而且越是古老，化石的价值就越大，始祖鸟从年代上看，确实是人们发现的最古老的鸟类，它生活在侏罗纪。因此人们在教科书中记录了这样一句话：始祖鸟是最早的鸟类。但是现在，科学家们都认为始祖鸟是恐龙。

把始祖鸟划到虚骨龙家族中，主要是因为它的羽毛。我们用肉眼观察一根羽毛时，看到的是一条中空的茎的两边伸展出排列整齐的"毛发"，似乎结构很简单。只有当我们把羽毛拿到显微镜下观察时，我们才发现，每一条细小的"毛发"上面，还有许多复杂的结构，枝杈纵横，并且有钩状物相连。这是鸟类、恐龙的羽毛才有的特征。所以，确定一块化石是否属于虚骨龙的，要从显微结构上看化石上是否有虚骨龙羽毛独特的细微结构。始祖鸟的羽毛展现出了这些细微的特征，因此理所当然地成为虚骨龙家族的成员。有人说它就是现代所有鸟类的老祖宗。

YIQI TANXUN NIAOLEI SHIJIE

鸟类的纲目划分

现今已知鸟类分为两个亚纲，即古鸟亚纲和今鸟亚纲。古鸟亚纲以始祖鸟为代表。今鸟亚纲包括白垩纪以来的一些化石鸟类以及现存鸟类。

化石鸟类以黄昏鸟目和鱼鸟目为代表，它们的骨骼近似现代鸟类但上、下颌具槽生齿。

现存今鸟亚纲鸟类可归为三个总目，即：

平胸总目

为现存体形最大的鸟类（体重大者达135千克，体高2.5米），适于奔走生活。具有一系列原始特征：翼退化、胸骨不具龙骨突起，不具尾综骨及尾脂腺，羽毛均匀分布（无羽区及裸区之分）、羽枝不具羽小钩（因而不形成羽片），雄鸟具发达的交配器官，足趾适应奔走生活而趋于减少（2~3趾）。分布限在南半球（非洲、美洲和澳洲南部）。

平胸总目的著名代表为鸵鸟或称非洲鸵鸟，其他代表尚有美洲鸵鸟及鸸鹋（或称澳洲鸵鸟）。此外在新西兰尚有几维鸟。

企鹅总目

潜水生活的中、大型鸟类，具有一系列适应潜水生活的特征。前肢鳍状，适于划水。具鳞片状羽毛（羽轴短而宽，羽片狭窄），均匀分布于体表。尾短。腿短而移至躯体后方，趾间具蹼，适应游泳生活。在陆上行走时躯体近于直立，左右摇摆。皮下脂肪发达，有利于在寒冷地区及水中保持体温。骨骼沉重而不充气。胸骨具有发达的龙骨突起，这与前肢划水有关。游泳快速，有人称为"水下飞行"。分布限在南半球。

企鹅总目的代表为王企鹅。

突胸总目

突胸总目包括现存鸟类的绝大多数,分布遍及全球,总计约 35 个目,8500 种以上。它们共同的特征是:翼发达,善于飞翔,胸骨具龙骨突起。最后 4~6 枚尾椎骨愈合成一块尾综骨。具充气性骨骼。正羽发达,构成羽片,体表有羽区、裸区之分。雄鸟绝大多数均不具交配器官。

本书只讲述能够飞翔的鸟类,因此,主要讲述"突胸总目"。

 ## 鸟类的特征和生活习性

鸟的主要特征是:大多数飞翔生活。体表被羽毛覆盖,一般前肢变成翼(有的种类翼退化),骨多孔隙,内充气体;心脏有两心房和两心室。体温恒定。呼吸器官除具肺外,还有由肺壁凸出而形成的气囊,用来帮助肺进行双重呼吸。

鸟是两足、恒温、卵生的脊椎动物,身披羽毛,前肢演化成翅膀,有坚硬的喙。鸟的体形大小不一,既有很小的蜂鸟也有巨大的鸵鸟和鸸鹋(产于澳洲的一种体形大而不会飞的鸟)。

鸟类种类繁多,分布全球,生态多样,现在鸟类可分为三个总目。平胸总目,包括一类善走而不能飞的鸟,如鸵鸟。企鹅总目,包括一类善游泳和潜水而不能飞的鸟,如企鹅。突胸总目,包括两翼发达能飞的鸟,绝大多数鸟类属于这个总目。

目前全世界为人所知的鸟类一共有 9700 多种,光中国就记录有 1300 多种,其中不乏中国特有鸟种。有 139 种鸟已绝种,与其他陆生脊椎动物相比,鸟是一个拥有很多独特生理特点的种类。

鸟的食物多种多样,包括花蜜、种子、昆虫、鱼、腐肉或其他鸟。大多数鸟是日间活动,也有一些鸟(例如猫头鹰)是夜间或者黄昏的时候活动。许多鸟都会进行长距离迁徙以寻找最佳栖息地(例如北极燕鸥),也有一些鸟大部分时间都在海上度过(例如信天翁)。

YIQI TANXUN NIAOLEI SHIJIE

大多数鸟类都会飞行，少数平胸类鸟不会飞，特别是生活在岛上的鸟，基本上也失去了飞行的能力。不能飞的鸟包括企鹅、鸵鸟、几维（新西兰产的无翼鸟）以及绝种的渡渡鸟。当人类或其他的哺乳动物侵入到他们的栖息地时，这些不能飞的鸟类更容易遭受灭绝，例如大的海雀和新西兰的恐鸟。

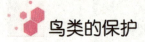 鸟类的保护

保护鸟类就是保护环境

林地是构成地球植被的重要部分，许多生物以林地为生息繁衍地，鸟类是其中最重要成员。在这里，植物是生产者，各种昆虫和一些以植物为食的哺乳动物是消费者，鸟类一方面作为消费者参与了林地生态的活动，另一方面又抑制着对植物有破坏作用的生物。林地为鸟类提供了栖息地，而鸟类保护了植物的正常生长，它们处在不同的食物链上的不同环节，成为了林地生态系统的骨干。

我们的祖先深深懂得爱鸟的意义，文字记载虽详略不一，但从古至今历代不绝。甲骨文中有字像啄木鸟啄虫状，且出现在卜辞中，有令鸟防虫之意，中国的古人很清楚这种鸟的价值。到孔子时，他明确地提出了"覆巢毁卵则凤凰不翔"的保护鸟类的思想。《礼记·王制篇》规定："不麛不卵，不杀胎，不殀夭，不覆巢"，指出捕杀幼鹿和毁巢掏鸟蛋都是不允许的。《淮南子》中有休猎休渔的详细记载，特别强调在特定的季节不得毁林和烧田以保护幼鸟。此后各朝代都有政府的法令强调保护鸟类和其它的动物，至中华人民共和国建立后先后出台了许多保护鸟类和其它野生动物的法规和条例，并制定了相关的法律。世界共有鸟类156科，9700多种，已经有139种灭绝了，保护鸟类已经刻不容缓。

中国观鸟爱鸟组织

鸟类学近年来得到了极大的发展，包括鸟类分类学、鸟类起源与进化、鸟

类与生态的关系、鸟类行为研究、鸟类保护与种群恢复等等。中国各地出现了很多观鸟协会（野鸟协会），带动了中国鸟类保护的普及，同时涌现出一些科普网站积极介绍鸟类知识，许多不为人知的鸟类逐渐得到关注，以下是中国比较有名的鸟类协会和网站：

中国野鸟图库：在中国鸟类学会指导下，由各地鸟类研究人员、观鸟组织和鸟类摄影爱好者共同创建的全国性专业鸟类图库，目的是尽可能全面地收集中国鸟类的图片资料，促进中国鸟类研究工作和民间观鸟活动的发展。所有图片均由摄影作者免费提供。

世界自然基金会：致力于推动观鸟以及拍摄事业在中国的发展，并为业余鸟类摄影爱好者提供平台和交流空间，同时，积累鸟种图片和分布数据，方便鸟类爱好者查阅和辅助辨识。

鸟网：鸟网通过鸟类摄影、鸟类观察和鸟类研究，达到关爱鸟类、保护自然、宣传环保、促进和谐之目的。鸟网，将竭诚为所有鸟类爱好者提供鸟类影像平台。观鸟网：观鸟与摄影爱好者的网站。

鸟类网：分享鸟趣。致力于普及鸟类知识，发布鸟类资讯，分享有趣的鸟类故事，唤起更多的人来关爱鸟类，保护生态。

此外，许多省份和城市都组建了观鸟协会，极大地方便了各地爱鸟人士的交流沟通。

游　禽

　　游禽，是指那些能在各种类群的水域活动的鸟类。游禽是鸟类六大生态类群之一，涵盖了鸟类传统分类系统中雁形目、潜鸟目、鹈鹕目、鹱形目、鹲形目、鸥形目、企鹅目七项目中的所有种。如雁、鸭、天鹅等。

　　游禽喜欢在水上生活，脚向后伸，趾间有蹼，有扁阔的或尖嘴，善于游泳、潜水和在水中掏取食物，大多数不善于在陆地上行走，但飞翔很快。从海洋到内陆河流、湖泊都有游禽的身影。游禽多喜群居，经常成群活动。不同种类的游禽在水域活动的范围不同，有的在近水滩觅食，有的在一定深度的水域潜水觅食。游禽的时行很杂，水生植物、鱼类、无脊椎类都是它们的食物。

　　游禽多有迁徙的行为，雁形目的鸟常作南北向跨越大陆的迁徙，鹱形目的鸟沿赤道地区做东西向迁徙，鸥形目的鸟沿大陆海岸作跨越大洋的迁徙。

天 鹅

基本特征

天鹅属于雁行目、鸭科、雁亚科、天鹅属。天鹅是大型鸟类，最大的身长1.5米，体重6000多克。大天鹅又叫白天鹅、鹄，是一种大型游禽，体长约1.5米，体重可超过10千克。全身羽毛白色，嘴多为黑色，上嘴部至鼻孔部为黄色。它们的头颈很长，约占体长的一半，在游泳时脖子经常伸直，两翅贴伏。由于它们优雅的体态，古往今来天鹅成了纯真与善良的化身。

天鹅体形优美，具长颈，体坚实，脚大，在水中滑行时神态庄重，飞翔时长颈前伸，徐缓地扇动双翅。迁飞时在高空组成斜线或「V」字形队列前进。其他水禽无论在水中或空中行动均不如天鹅快速。天鹅以头钻入（不是全身潜入）浅水中觅食水生植物。

天 鹅

天鹅是雁形目鸭科雁亚科中最大的水禽，有七八种。5种生活于北半球，均为白色，脚黑色。疣鼻天鹅有橙色的喙，喙基有黑色疣状突，颈弯曲，翅向上隆起；喇叭天鹅鸣声低沉，传得很远，喙全黑色；高声天鹅叫声喧闹，喙黑色，喙基黄色；比伊克氏天鹅与之相似，体形较小，比较安静；扬科夫斯基氏天鹅可能是比伊克氏天鹅的东方类型；哨天鹅发声如哨，喙黑色，眼周有小黄斑。有些鸟类学家只将疣鼻天鹅归为天鹅属。

天鹅雌雄两性相似。它们能从气管发出不同的声音。除繁殖期外，天鹅成群地生活。雌雄结成终生配偶。求偶行为包括以喙相碰或以头相靠。由雌天鹅孵卵，雄天鹅在附近警戒；有的种类雄性亦替换孵卵。幼雏颈短，绒毛稠密；出壳几小时后即能跑和游泳，但双亲仍精心照料数月；有的种类的幼雏可伏在父母亲的背上。未成年天鹅的羽毛为灰色或褐色，有杂纹，直至满两岁以上。第三年或第四年才达性成熟。自然界中，天鹅能活20年，人工豢养可活50年以上。因为天鹅身体很重，所以起飞时它们要在水面或地面向前冲跑一段距离。天鹅夫妇终生厮守，对后代也十分负责。为了保卫自己的巢、卵和幼雏，敢与狐狸等动物殊死搏斗。

生活习性

天鹅是一种冬候鸟，喜欢群栖在湖泊和沼泽地带，主要以水生植物为食。每年3、4月间，它们大群地从南方飞向北方，在我国北部边疆省份产卵繁殖。雌天鹅都是在每年的5月间产下二三枚卵，然后雌鹅孵卵，雄鹅守卫在身旁，一刻也不离开。一过10月份，它们就会结队南迁。在南方气候较温暖的地方越冬，养息。

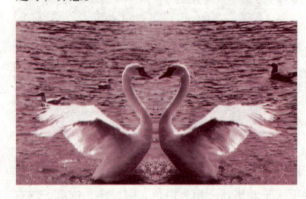

天　鹅

在我国雄伟的天山脚下，有一片幽静的湖泊——天鹅湖，每年夏秋两季，这里有成千上万的天鹅在碧绿的水面漫游，就像蓝天上飘动着的朵朵白云，好看极了。

天鹅保持着一种稀有的"终身伴侣制"，在南方越冬时不论是取食或休息都成双成对。雌天鹅在产卵时，雄天鹅在旁边守卫着，遇到敌害时，它拍打翅膀上前迎敌，勇敢的与对方搏斗。它们不仅在繁殖期彼此互相帮助，平时也是成双成对，如果一只死亡，另一只也确能为之"守节"，终生单独生活。

天鹅在我国境内有三种，即大天鹅、小天鹅和疣鼻天鹅。它们都是一身洁白，体形硕长优美。虽然在陆地走起来有点笨拙，但游起水来从容自在，飘飘然给人一种优雅高贵的感觉。这三种天鹅都是春季北迁，在我国东北和西北各地繁殖。秋后南飞，到江南和华南各地越冬。

天鹅湖

天鹅群栖于湖泊沼泽地区，以水生植物、草类、谷物为食，有时也吃昆虫、蠕虫和小鱼。它们在芦苇丛、苔原或河流的小洲上筑巢，巢简单，内铺杂草、泥土和绒羽。一般每窝产卵 5～7 枚。3 种天鹅均是我国二级保护的野生动物。它们之间的主要区别是：大天鹅，体长可达 1.5 米，体重可超过 10 千克；小天鹅体长 1 米左右，体重 5～7 千克；疣鼻天鹅在嘴的基部和前额间有一个显著的黑瘤。

我国新疆的巴音布鲁克草原的天鹅湖是最著名的天鹅繁殖基地。这里以大天鹅为主，三种天鹅都有。江西的鄱阳湖则是天鹅的主要越冬地。青海湖鸟岛，冬季泉水淙淙，草滩碧绿，每年也招来上千只天鹅在此越冬。

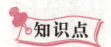
知识点

大天鹅

大天鹅属于雁形目、鸭科、天鹅属，中文俗名：白鹅、大鹄、鹄、黄嘴天鹅、金头鹅、咳声天鹅。大天鹅是体形高大（155 厘米）的白色天鹅。嘴黑，嘴基有大片黄色。黄色延至上喙侧缘成尖。游水时颈较疣鼻天鹅为直。亚成体羽色较疣鼻天鹅更为单调，嘴色亦淡。大天鹅飞行时叫声独特，联络叫声如响亮而忧郁的号角声。大天鹅繁殖于北方湖泊的苇地，结群南迁越冬。数量比小天鹅少。大天鹅分布于格陵兰、北欧、亚洲北部，越冬在中欧、中亚及中国。

YIQI TANXUN NIAOLEI SHIJIE

 延伸阅读

世界各地的天鹅文化

天鹅很早就被人们所认识，由于天鹅的羽色洁白，体态优美，叫声动人，行为忠诚，在欧亚大陆发展的东方文化和西方文化，不约而同地把白色的天鹅作为纯洁、忠诚、高贵的象征。中国古代称天鹅为鹄、鸿、鹤、鸿鹄、白鸿鹤、黄鹄、黄鹤等，许多地名中仍包含了这些词汇，比如雁门关、鹄岭、鹄泽、黄鹤楼等，至今有些地方依旧是天鹅等雁形目鸟迁徙的重要通道。古诗中就有关于"白鸟"的记载，《孟子·梁惠王（上）》中有诗云："白鸟鹤鹤"，意即，白鸟熠熠振羽毛。至今日语中的"白鸟"就是指天鹅。天鹅一词最早出现于唐朝李商隐的诗句"拨弦警火凤，交扇拂天鹅"。日本是天鹅的越冬地之一，日语中天鹅的古名有20多个，有的如"鸿""鹄"等是由中国传入，有的则是天鹅栖息的地区的名字，还有的用的是天鹅鸣叫的拟声词，有的是对天鹅形态的描述。在日本有关天鹅的故事很多，它们被认为是天的使者，是"神鸟"。古希腊对于天鹅的记述很多，亚里士多德的《动物志》就论述了天鹅的习性和行为，还有天鹅形态解剖的记载。《希腊鸟谱》一书中对于天鹅临终的鸣叫有着动人的描述，西方文化中，将文人的临终绝笔称之为"天鹅绝唱"正来源于此。在英国，卓越的诗人或歌手可以与天鹅作比，例如莎士比亚的雅号正是"艾冯的天鹅"。西方的音乐和文学作品中也有天鹅的形象，圣桑的《天鹅之死》、柴可夫斯基的舞剧《天鹅湖》中都有天鹅高贵、圣洁的形象，安徒生用天鹅羽色的变化演绎了一篇动人的《丑小鸭》。星空中的星座也有天鹅的身影（天鹅座），那是希腊神话中宙斯的化身，许多艺术家都以莱达与天鹅为题材创作了传世的美术作品。世界各地以天鹅命名的地名更是数不胜数，姓氏中的 Swan 也是来源于这种美丽而洁白的鸟。

大雁

基本特征

大雁属鸟纲，鸭科，是雁亚科各种类的通称，一种大型游禽。共同特点是体形较大，嘴的基部较高，长度和头部的长度几乎相等，上嘴的边缘有强大的齿突，嘴甲强大，占了上嘴端的全部。颈部较粗短，翅膀长而尖，尾羽一般为 16～18 枚。体羽大多为褐色、灰色或白色。全世界共有 9 种，我国有 7

大雁

种，除了白额雁外，常见的还有鸿雁、豆雁、斑头雁和灰雁等，在民间通称为"大雁"。

生活习性

大雁群居水边，往往千百成群，夜宿时，有雁在周围专司警戒，如果遇到袭击，就鸣叫报警。主食嫩叶、细根、种子，间或啄食农田谷物。每年春分后飞回北方繁殖，秋分后飞往南方越冬。群雁飞行，排成"一"字或"人"字形，人们称之为"雁字"，因为行列整齐，人们称之为"雁阵"。大雁的飞行路线是笔直的。中国常见的有鸿雁、豆雁、白额雁等。雁队为 6 只，或以 6 只的倍数组成，雁群是一些家庭，或者说是一些家庭的聚合体。

大雁是典型的候鸟，在迁徙时总是几十只、数百只，甚至上千只汇集在一起，互相紧接着列队而飞，古人称之为"雁阵"。"雁阵"由有经验的"头雁"

大雁迁徙

带领，加速飞行时，队伍排成"人"字形，一旦减速，队伍又由"人"字形换成"一"字长蛇形，这是为了进行长途迁徙而采取的有效措施。当飞在前面的"头雁"的翅膀在空中划过时，翅膀尖上就会产生一股微弱的上升气流，排在它后面的就可以依次利用这股气流，从而节省了体力。但"头雁"因为没有这股微弱的上升气流可资利用，很容易疲劳，所以在长途迁徙的过程中，雁群需要经常地变换队形，更换"头雁"。它们的行动很有规律，有时边飞边鸣，不停地发出"伊啊伊啊"的叫声。

迁徙大多在黄昏或夜晚进行，旅行的途中还要经常选择湖泊等较大的水域进行休息，寻觅鱼、虾和水草等食物。每一次迁徙都要经过1—2个月的时间，途中历尽千辛万苦。但它们春天北去，秋天南往，从不失信。不管在何处繁殖，何处过冬，总是非常准时地南来北往。

我国古代有很多诗句赞美它们，例如"八月初一雁门开，鸿雁南飞带霜来"，陆游的"雨霁鸡栖早，风高雁阵斜"，韦应物的"万里人南去，三春雁北飞"，（《南中咏雁》），"孟春之月鸿雁北，孟秋之月鸿雁来"《吕氏春秋》等。

黄昏的雁阵

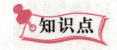

知识点

候 鸟

候鸟是那些有迁徙行为的鸟类，它们每年春秋两季沿着固定的路线往返于繁殖地和避寒地之间。在不同的地域，根据候鸟出现的时间，可以将候鸟分为夏候鸟、冬候鸟、旅鸟、漂鸟。如鸟类，在它避寒地则视为冬候鸟，在它的繁殖地（或避暑地）则为夏候鸟，在它往返于避寒地和繁殖地途中所经过的区域则为旅鸟。在一定广域范围，或是夏居山林，冬居平原处的则视为漂鸟。

▶▶▶ 延伸阅读

大雁迁徙的奥秘

大雁是出色的空中旅行家。每当秋冬季节，它们就从老家西伯利亚一带，成群结队、浩浩荡荡地飞到我国的南方过冬。第二年春天，它们经过长途旅行，回到西伯利亚产蛋繁殖。大雁的飞行速度很快，每小时能飞 68 ~ 90 千米，几千公里的漫长旅途得飞上一两个月。

在长途旅行中，雁群的队伍组织得十分严密，它们常常排成人字形或一字形，它们一边飞着，还不断发出"嘎、嘎"的叫声。大雁的这种叫声起到互相照顾、呼唤、起飞和停歇等的信号作用。

那么，大雁保持严格的整齐的队形即排成"人"或"一"字形又是为了什么呢？

原来，这种队伍在飞行时可以省力。最前面的大雁拍打几下翅膀，会产生一股上升气流，后面的雁紧紧跟着，可以利用这股气流，飞得更快、更省力。这样，一只跟着一只，大雁群自然排成整齐的"人"字形或"一"字形。

另外，大雁排成整齐的人字形或一字形，也是一种集群本能的表现。因为

这样有利于防御敌害。雁群总是由有经验的老雁当"队长"，飞在队伍的前面。在飞行中，带队的大雁体力消耗得很厉害，因而它常与别的大雁交换位置。幼鸟和体弱的鸟，大都插在队伍的中间。停歇在水边找食水草时，总由一只有经验的老雁担任哨兵。如果孤雁南飞，就有被敌害吃掉的危险。

科学家发现，大雁排队飞行，可以减少后边大雁的空气阻力。这启发运动员在长跑比赛时，要紧随在领头队员的后面。

雁是候鸟，候鸟为什么要南来北往，科学家有种种解释，但生存和繁殖肯定是造成它们迁飞的重要因素。解决好了这两点，候鸟也可以变为留鸟。上海动物园饲养的雁就是一个例证，栖息在园内天鹅湖的雁群，徜徉在碧波中，嬉戏追逐，不时划开水面腾飞蓝天，结成雁阵在天鹅湖上空自由翱翔，但它们并不离开天鹅湖，不去北方，也不去南方，天鹅湖就是它们的家。春天它们结伴在小岛的芦苇丛、竹丛下繁衍后代，冬天它们结群畅游在天鹅湖中。

鸬鹚

基本特征

鸬鹚亦称"老水鸦"、"鱼鹰"。羽毛黑色，有绿色光泽，额下有小喉囊，嘴长，上嘴尖端有钩，善潜水捕食鱼类，渔人常驯养之以捕鱼。

鸬鹚成鸟，体长约80厘米，体重约1.87千克。夏季，它通体黑色，而颊、颏及上喉均呈白色，形成一个半环形，后缘稍沾棕褐色；它的头部、羽冠和颈都是黑色，并有金属紫绿色反

鸬鹚

光，自然鲜亮；喙不但长，而且上喙缘带钩，以利于捕鱼。嘴下有松弛的囊，为橄榄黑色，还满布磷黄色斑点。上喙边缘和下喙灰白色，且具有砖红色斑；它的跗为黑色，四趾向前，并具有蹼和尖锐的爪，非常有力。

鸬鹚的肩羽和大覆羽呈现暗棕色，羽边黑色，而呈鳞片状，体长最大可达100厘米。鸬鹚站立时，身体竖起与地面成90°，由坚硬的尾羽做支撑，在朝阳或晚霞的辉映下，黑色的通体散发出彩色反光，犹如身着燕尾服的绅士，煞是好看。它们有时独自伫立石崖，伸长脖颈，左顾右盼，形象生动自然，在阵阵海风吹拂下，浑身紧缩，羽冠扬起，颇有怒发冲冠、威风凛凛之势。

鸬鹚的最佳捕鱼状态，是在4—8岁。一般来说，野生鸬鹚的平均寿命大约是8岁，鸬鹚的成熟期在2岁到4岁之间。驯养的鸬鹚，假如生活有规律，又有足够的运动空间，这种忠实的鸟类可以活到15岁。

人工喂养鸬鹚

鸬鹚广泛分布于亚欧大陆及非洲大陆的江河湖海中。人们常见的是江河中的普通鸬鹚。其实，鸬鹚的种类也很丰富，属广布种，地球上除南北极外均可见到它们的足迹。全世界有鸬鹚32种，它们虽然都属于鸬鹚，但是相貌和习性各有特色。

生活在南美洲科隆群岛（加拉帕戈斯群岛）上的加拉帕戈斯鸬鹚和广泛分布在亚洲和非洲的大鸬鹚都是十分有特色的品种。目前，在我国只有5种，即普通鸬鹚（简称鸬鹚）、斑头鸬鹚、海鸬鹚、红脸鸬鹚和黑颈鸬鹚。其中海鸬鹚、黑颈鸬鹚已被列为国家二级保护动物。最常见的是普通鸬鹚，遍布大江南北的江河湖泊，山涧溪流。

生活习性

鸬鹚善于潜水，能在水中以长而钩的嘴捕鱼。野生鸬鹚平时栖息于河川和湖沼中，也常低飞，掠过水面。飞时颈和脚均伸直。夏季在近水的岩崖或高树上，或沼泽低地的矮树上营巢。

鸬鹚不甚畏人。常在海边、湖滨、淡水中间活动。栖止时，在石头或树桩上久立不动。飞行力很强。除迁徙时期外，一般不离开水域。主要以鱼类和甲壳类动物为食。它们是强壮而极具才艺的猎食动物，那硕大且带弯钩的喙，宽大而有力的蹼足，是置猎物于死地的锐利武器；它们是平静背后的"暴风骤雨"，它们在水里丝毫不亚于在空中一般敏捷。

鸬鹚在捕猎的时候，脑袋扎在水里追踪猎物。鸬鹚的翅膀已经进化到可以帮助划水。因此，鸬鹚在海草丛生的水域主要用脚蹼游水，在清澈的水域或是沙底的水域，鸬鹚就脚蹼和翅膀并用。在能见度低的水里，鸬鹚往往采用偷偷靠近猎物的方式到达猎物身边，突然伸长脖子用嘴发出致命一击。这样，无论多么灵活的猎物也绝难逃脱。在昏暗的水下，鸬鹚一般看不清猎物。因此，它只有借助敏锐的听觉才能百发百中。

鸬鹚捕鱼

在我国很多地方，人们称鸬鹚为乌鬼，以形容这种鸟不像鲣鸟那样傻，而有着高超的捕鱼本领。在我国，很早就有人开始驯养鸬鹚，并用它们捕鱼。在南方水乡，渔民外出捕鱼时常带上驯化好的鸬鹚。鸬鹚整齐地站在船头，各自脖子上都被戴上一个脖套。当渔民发现鱼时，他们一声哨响，鸬鹚便纷纷跃入水中捕鱼。由于带着脖套，鸬鹚捕到鱼却无法吞咽下去，它们只好叼着鱼返回船边。主人把鱼夺下后，鸬鹚又再次下潜去捕鱼。在遇到大鱼时，几只鸬鹚会合力捕捉。它们有的啄鱼眼，有的咬鱼尾、有的叼鱼鳍，配合得非常默契。待捕鱼结束后，主人摘下鸬鹚的脖套，把准备好的小鱼赏给它们吃。这种捕鱼方式非常有趣，也非常有效。所以，用鸬鹚捕鱼曾盛极一时。杜甫曾写过这样的诗句："家家养乌鬼，顿顿食黄鱼。"这种捕鱼方法当时之流行由此可见一斑。当然，这种古老的捕鱼方法只能满足自给自足的小生产经济，在近代已很少采用。实际上，过多的鸬鹚会给渔业生产造成很大的危害。据统计，野生的鸬鹚每天至少要吃掉400克的鱼。鸬鹚很贪食，一昼夜它要吃掉1500克的鱼。一条35厘米长，半斤重的鱼它能一口吞下。在荷兰，有一群鸬鹚在一个夏季就吃掉5000吨鱼。

知识点

喙

喙是鸟类上下颌包被的硬角质鞘，起到哺乳动物唇和齿的作用。喙的主要功能是取食和梳理羽毛。某些恐龙也有类似的构造，不过不一定与鸟类同源。

现存的鸟类无齿，喙起着齿和唇的作用。由于鸟的前肢演变为翼，由于具有代替其它动物前肢的各种功能，因此喙很发达，根据不同的生活习性而获有各种形态。特别是对捕食习性的适应表现得更为明显，一般啄食昆虫的和吸食花蜜的鸟类，喙大都细长，而谷食的喙则多为圆锥形。偶尔也有将头足类的口器称为喙的。

延伸阅读

浑水捕鱼的鸬鹚

鸬鹚的捕鱼本领之高早已为人所熟知。近几十年来，科学家们又发现鸬鹚

在河水非常混浊时也能轻松自如地追踪鱼群。在河水混浊不堪时，视觉很难发挥作用。那么，鸬鹚是怎样在混浊的河水中找到鱼群的呢原来鸬鹚的听觉非常发达。在自然界中，有些盲眼鸬鹚依靠它们那发达的听觉器官追捕鱼群。

在能见度低的水里，鸬鹚往往采用偷偷靠近猎物的方式，到达猎物身边时，突然伸长脖子用喙发出致命一击。这样，无论多么灵活的猎物也绝难逃脱。在昏暗的水下，鸬鹚一般看不清猎物。因此，它只有借助敏锐的听觉才能百发百中。

"打夜火"，即夜间捕鱼，也就是天色越黑越好。有"月头照月尾，月尾照月头"之说。深夜里，鸬鹚潭里渔火梭织，倒影流萤，上下辉映，漫江红透，周围洲渚、竹树、天空皆一片光亮。若是单班孤灯，四野静寂，天水如墨，银光一粒，则又别是一番风景。

 鸳鸯

基本特征

鸳鸯：鸳指雄鸟，鸯指雌鸟，故鸳鸯属合成词。中型鸭类，全长 40 厘米左右。体重 630 克左右。雄鸳鸯为最艳丽的鸭类。颈部由绿色、白色、栗色所构成的羽冠，胸腹部纯白色；背部浅褐色，肩部两侧有白纹两条；最内侧两枚三级飞羽扩大成扇形，竖立在背部两侧，非常醒目，雌性背部苍褐色，腹部纯白。

鸳鸯

雄鸳鸯覆羽与雌鸳鸯相似，胸部具粉红色小点。眼棕色，外围有黄白色的环，嘴红棕色。脚和趾红黄色，蹼膜黑色。

生活习性

鸳鸯栖息于内陆湖泊及山麓江河中,平时成对生活而不分离。鸳鸯善于行走和游泳,飞行力也强。筑巢在多树的小溪边或沼泽地、高原上的树洞中。洞口距地面 10~15 米,洞内垫有木屑及亲鸟的成羽,产卵 6~10 枚或更多,卵呈灰黄色或白色,圆形,无斑,重 45~52 克。人工笼养环境中,孵卵由雌鸟担任。雏鸟由成鸟守护,一般留巢一个月,两个月后开始学飞,但它们仍同亲鸟一起生活。

鸳鸯属于候鸟,雄鸳鸯是羽色最鲜艳华丽的野鸭。繁殖期成对活动。非繁殖期多成小群活动。每年 4—6 月在山区溪流、水潭附近的大树洞内产卵孵化。小鸳鸯出壳不久便能正常活动,跟随父母从树洞里跃入水中,游玩觅食。夏天在东北地区繁殖。冬天到长江中下游地区越冬。在南方某些山

相亲相爱的鸳鸯

区,鸳鸯也能终年留居,成为留鸟。民间传说鸳鸯一旦配对,终身相伴。将其视为爱情的象征,但是近来发现,鸳鸯并不像传说中的那样形影不离,鸳鸟生性风流,并不从一而终。人们常见的鸳鸯总在一起,只是代表一种感受,离实际尚有差距。鸳鸯并不是终身相伴的代名词。

鸳鸯栖息于山地河谷、溪流、苇塘、湖泊、水田等处。以植物性食物为主,也食昆虫等小动物。繁殖期 4—9 月间,雌雄配对后迁至营巢区。巢置于树洞中,用干草和绒羽铺垫。每窝产卵 7~12 枚,淡绿黄色。

在我国,鸳鸯多在东北北部、内蒙古繁殖;东南各省及福建、广东越冬;少数在台湾、云南、贵州等地是留鸟。福建省屏南县有一条 11 千米长的白岩溪,溪水深秀,两岸山林恬静,每年有上千只鸳鸯在此越冬,又称鸳鸯溪。是中国第一个鸳鸯自然保护区。江西省上饶市婺源县鸳鸯湖是亚洲乃至全世界最

大的野生鸳鸯越冬栖息地（现发现国家二级保护动物6种，鸳鸯因此被尊为上饶市的市鸟）。

 知识点

留 鸟

　　留鸟，即某地一年四季皆可见的鸟类。终年生活在一个地区，不随季节迁徙的鸟叫留鸟。它们通常终年在其出生地（或称繁殖区）内生活。留鸟在冬季很难觅食，每到冬季，有的留鸟就成群结队地生活在一起，啄取植物的果实和种子为食。中国的留鸟有麻雀、乌鸦、白头翁、喜鹊、画眉、鱼鹰、啄木鸟、鹰等。

 延伸阅读

留鸟和候鸟

　　许多鸟会随着季节的变化，有规律的在繁殖地区与越冬地区搬迁。这种行为叫作迁徙。根据有无迁徙习性可将鸟类区分为留鸟和候鸟两大类。

　　留鸟活动范围较小，终年生活在它们出生的区域里，不因季节变化而迁徙。如老鹰、麻雀、喜鹊、乌鸦等。

　　候鸟常在一地产卵、育雏，而到另一地去越冬，每年定时进行有规律的迁徙。我国常见的候鸟有两类。夏季在我国繁殖，秋季飞往南方越冬的候鸟，叫做夏候鸟，如家燕、黄鹂、杜鹃、白鹭等。夏季在北方繁殖，秋季南飞到我国越冬的候鸟，叫作冬候鸟，如天鹅、野鸭、大雁等。

　　迁徙也是鸟类对外界条件、季节变化的一种适应，是某些鸟类的一种本能。

鸟类的迁徙，往往是受到外界各种环境条件的变化而引起。每当冬季繁殖地区气温下降，日照缩短，食料减少，对鸟类生活带来不利，它们就飞到气候温暖和食物较丰富的南方越冬。但越冬地区不适于营巢，育雏，到第二年春天，它们又迁归故乡繁殖。

绿头鸭

基本特征

绿头鸭身长 51 ~ 62 厘米，翼展 81 ~ 98 厘米，体重 850 ~ 1400 克，寿命 29 年。雄鸭的头和颈呈绿色而带金属光泽，尾部中央有 4 枚尾羽向上卷曲如钩。雄鸭上体大都暗灰褐色，下体灰白，白色的颈环分隔着黑绿色的头和栗色的胸部，翼镜紫色，尾羽白色，正中 4 枚黑色，其末端上曲如钩。雌鸭背面黑褐色并杂以浅棕红色的宽边；腹面暖棕红色，且散布褐色斑点，尾羽不卷曲。雌鸟褐色斑驳，有深色的贯眼纹。

绿头鸭

生活习性

绿头鸭通常栖息于淡水湖畔，亦成群活动于江河、湖泊、水库、海湾和沿海滩涂盐场的芦苇丛中。冬季喜集群生活，活动多选择在水边沼泽地区的野草丛间。主要漂浮在水面上，在水下获得食物，以植物为主食，有时也吃动物性

食物。鸭脚趾间有蹼，但很少潜水，游泳时尾露出水面，善于在水中觅食、戏水和求偶交配。

绿头鸭杂食性，主食各种杂草种子、茎根，兼吃昆虫、软体动物和蠕虫等。美国生物学家研究发现，绿头鸭具有控制大脑部分保持睡眠、部分保持清醒状态的习性。即绿头鸭在睡眠中可睁一只眼闭一只眼。这是科学家所发现的动物可对睡眠状态进行控制的首例证据。科学家们指出，绿头鸭等鸟类所具备的半睡半醒习性，可帮助它们在危险的环境中逃脱其他动物的捕食。

绿头鸭科学家对成群栖息的绿头鸭进行的研究结果表明，处在鸭群最边上的绿头鸭，在睡眠过程中可使朝向鸭群外侧的一只眼睛保持睁开状态，这种状态的持续时间，也会随周围危险性的上升而增加。这一新发现对弄清人的各种睡眠失调可能会有所帮助。一些人在大白天总是觉得困，很可能与大脑一部分处于清醒状态，而另一部分仍保持在睡眠状态有关。

据专家研究，大部分家鸭是由绿头鸭驯养而来，绿头鸭是家鸭的祖先。当应保护。

绿头鸭每年初春至初夏进行繁殖。用植物草茎营建成一个碗状巢，鸭巢高于附近的水泽，隐蔽于水草丛中。一窝产卵 8~11 枚，白色并稍带淡绿色，卵重 48~58 克，孵化期 30 天左右。初生雏鸭重约 25~28 克。幼鸭 49 天离巢，通常由雌鸭单独孵化，孵化后依然由雌鸭照顾，小鸭跟随雌鸭身后觅食。

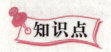 知识点

海　湾

海湾是一片三面环陆的海洋，另一面为海，有 U 形及圆弧形等，通常以湾口附近两个对应海角的连线作为海湾最外部的分界线。与海湾相对的是三面环海的海岬。海湾所占的面积一般比峡湾为大。

世界上面积超过100万平方千米的大海湾共有5个，即位于印度洋东北部的孟加拉湾。位于大两洋西部美国南部的墨西哥湾，位于非洲中部西岸的几内亚湾，位于太平洋北部的阿拉斯加湾，位于加拿大东北部的哈得孙湾。

➡ 延伸阅读

美丽的红嘴蓝鹊

红嘴蓝鹊是一种体态美丽的笼鸟，尾羽长而秀丽。体长约68厘米，是鹊类中鸟体最大和尾巴最长、羽色最美的一种。红嘴蓝鹊头、颈、胸部暗黑色，头顶羽尖缀白，犹似戴上一个灰色帽盔；枕、颈部羽端白色；背、肩及腰部羽色为紫灰色；翅羽以暗紫色为主并衬以紫蓝色；中央尾羽紫蓝色，末端有一宽阔的带状白斑；其余尾羽均为紫蓝色，末端具有黑白相间的带状斑；中央尾羽甚长，外侧尾羽依次渐短，因而构成梯状；下体为极淡的蓝灰色，有时近于灰白色。嘴壳朱红色，足趾红橙色。

雌雄鸟体表羽色近似。体背蓝紫色；尾羽顾长，尤以中央两枚更加突出，尾端白色，配上红嘴、红脚，益显仪态庄重，雍容华贵，又有长尾蓝鹊之称。

红嘴蓝鹊性喜群栖，经常集成小群在林间做鱼贯式穿飞，由于红嘴蓝鹊鹊尾长曳舒展，随风荡漾，起伏成波浪状，极具造型之美。偶而也从树上滑翔到地面，纵跳前进。与红嘴蓝鹊动人的外貌、艳丽的羽毛和优美的翔姿相比，它的鸣声就显得相形见拙而非常不般配了，不但粗野喧闹，而且响彻山间，令人厌烦。

红嘴蓝鹊是鸦族的近亲，都有荤素兼容的食性，以植物果实、种子及昆虫为食。既吃地老虎、金龟子、蝼蛄、蝗虫、毛虫等严重危害庄稼作物的昆虫，也食植物的果实和种子，有时还会凶悍地侵入其他鸟类的巢内，攻击并吃它们的幼雏和鸟卵，不过由它消灭的农业害虫给人类所带来的益处明显地要超过其"害处"。

红嘴蓝鹊是动物园中常见的饲养观赏鸟，已列为江苏省重点保护动物。

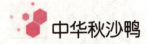 中华秋沙鸭

基本特征

中华秋沙鸭为鸭科秋沙鸭属的鸟类，俗名鳞胁秋沙鸭，是中国的特有物种。分布于西伯利亚以及中国大陆的黑龙江、吉林、河北、长江以南等地，主要栖息于阔叶林或针阔混交林的溪流、河谷、草甸、水塘以及草地。

中华秋沙鸭

中华秋沙鸭嘴形侧扁，前端尖出，与鸭科其它种类具有平扁的喙形不同。嘴和腿脚红色，雄鸭头部和上背黑色下背、腰部和尾上覆羽白色；翅上有白色翼镜；头顶的长羽后伸成双冠状。胁羽上有黑色鱼鳞状斑纹。

雄鸟：体大（58 厘米）的绿黑色及白色鸭。长而窄近红色的嘴，其尖端具钩。黑色的头部具厚实的羽冠。两胁羽片白色而羽缘及羽轴黑色形成特征性鳞状纹。脚红色。胸白而别于红胸秋沙鸭，体侧具鳞状纹有异于普通秋沙鸭。

雌鸟：色暗而多灰色，与红胸秋沙鸭的区别在于体侧具同轴而灰色宽黑色窄的带状图案。全长约 58～63 厘米。头至上颈发绿金属光泽的暗绿色，冠羽明显。后颈、背墨绿色，两侧白色。前颈下部、胸以下白色，胁具鼠灰色鳞状纹。鸟头至颈栗褐色，具冠羽。背鼠灰色，腹白色，翼镜白色。虹膜褐色；嘴橘黄色；脚橘黄色。叫声似红胸秋沙鸭。

中华秋沙鸭是第三纪冰期后残存下来的物种，距今已有 1000 多万年，是中国特产稀有鸟类，属国家一级重点保护动物。其分布区域十分狭窄，数量也

是极其稀少，全球目前仅存不足 1000 只，属国家一级保护动物。英国人于 1864 年在中国采到一只雄性幼鸭标本，并将其命名为"中华秋沙鸭"。由于这种鸭子以天然树洞为巢，又有人将它称作"会上树的鸭子"。

生活习性

中华秋沙鸭主要栖息地在黑龙江省伊春市带岭区碧水中华秋沙鸭自然保护区。

目前在西伯利亚、朝鲜北部及中国东北小兴安岭均有繁殖。每年冬季迁徙至中国的江苏沿海，洞庭湖，贵州平塘、都匀，台湾屏东，日本及朝鲜；偶见于东南亚。近几年也出现在中国江西省鹰潭市上清镇的芦溪河及九江市武宁县的修河中。

中华秋沙鸭出没于林区内的湍急河流，有时在开阔湖泊。成对或以家庭为群。潜水捕食鱼类。性机警，稍有惊动就昂首缩颈不动，随即起飞或急剧游至隐蔽处。据在吉林省长白山的观察，它们于每年 4 月中旬沿山谷河流到达山区海拔 1000 米的针、阔混交林带。常成 3~5 只小群活动，有时和鸳鸯混在一起。觅食多在缓流深水处，捕到鱼后先衔出水面而再行吞食。主食鱼类，此外还食石蚕科的蛾及甲虫等。

通常，中华秋沙鸭都是以家族方式活动，只在迁徙前才集成大的群体。春季迁徙到长白山后，它们很快就由集群状态分散开，以家族和雌雄配对的方式活动，家族和家族之间通常会保持一定的距离。雏鸭和没参与繁殖的个体会选择水流相对平缓的河段栖息，而已经成功配对的成体则会选择距离他们的巢位不远的河段活动，通常岸边有很多粗壮的老龄阔叶树。它们很少鸣叫，不像绿头鸭和斑嘴鸭那样喧闹。它们的身体具有更好的流线型结构，因此飞行速度要比其他鸭科动物迅速。

中华秋沙鸭在树上营巢，把巢建在粗壮的活体阔叶树的树洞里，树洞距离地面一般都超过 10 米。中华秋沙鸭的雏鸟在刚刚孵化出来的一两天之内，要从树洞里跳出来，然后快速进到水中，所以通常中华秋沙鸭选择距离水体较近的树营巢。对于中华秋沙鸭来说，水里要比陆地安全得多。

碧水中华秋沙鸭自然保护区 2005 年 4—5 月观测鸭巢结果表明，雌鸭选择

在靠近溪流的树洞营巢，对人为活动不敏感。两个巢距地面高度为10米左右，内径约为0.2米，其他特征值有较大差异。鸭巢距溪流的距离小于10米，距公路也很近。雌鸭每日外出觅食的时间比较稳定，孵化末期有一定波动。影响觅食行为的主要因素是天气，晴天觅食时间较长，外出次数也较多。每日清晨和午间觅食活动频繁，并集中在一天的两小时之内。孵化期为23天左右。

知识点

第三纪冰期

第三纪冰期，距今约2亿—200万年。整个中生代气候温暖，到新生代的第三纪世界气候更趋暖化，格陵兰也有温带树种。三叠纪时期，我国西部和西北部普遍为干燥气候；到侏罗纪，我国地层普遍分布着煤、黏土和耐火黏土等，说明当时是在湿润气候控制之下。侏罗纪后期到白垩纪是干燥气候发展的时期，当时我国曾出现一条明显的干燥带，西起天山、甘肃，南伸至大渡河下游到江西南部，都有干燥气候条件下的石膏发育。到了第三纪，我国的沉积物大多带有红色，说明当时气候比较炎热。第三纪末期，世界气温普遍下降，整个北半球喜热植物逐渐南退。

 延伸阅读

鸟类的导航本领

在白天飞行的鸟，多数是根据太阳的方位、高度来定向的；而夜间飞行的鸟，则是按照星空来辨识飞行路线的。

生活在北欧地区的白喉莺，每年秋天它们都要经过巴尔干半岛，飞越地中海，到北非尼罗河上游的温暖地区去过冬。它们集群迁飞时，主要是在夜间进

行。科学家曾为此做了实验，他们把白喉莺放到天像馆的人造星空中，结果发现白喉莺能根据人造星空的不同变化来不断调正自己的飞行路线，其卓越的导航本领，使科学家惊叹不已。

世界上的候鸟，不管是白天飞行的，或者是夜间飞行的，它们都有一种特殊的导航本领，所以它们在年复一年的迁徙活动中，都能准确无误地到达目的地，而不会迷失方向。

海 燕

基本特征

海燕体长约 13～25 厘米，体暗灰或褐色，有时下体色淡，腰白色。较大多数鹱形目种类翅短，翅尖呈圆形；嘴长适中；鼻管（所有鹱形目种类常见）和上嘴的表面融合一起；除后趾外，均具蹼，后趾小而高位；尾长或中长，方形、叉形或楔形。

南部海洋繁殖的大多数种类，短翅，方形尾，长脚，短趾。捕食小型海洋生物时两翅张开，劈拍地飞过水面，例如黄蹼洋海燕，在沿南极大陆和南极圈附近小岛上繁殖，6—9 月在北大西洋越冬。

北方的大多数种类翅较长，尾叉形或楔形，脚短而趾长；觅食时，像小海鸥一样自水面掠过，偶尔降落水面。例如白腰叉尾海燕，在北大西洋繁殖，也繁殖於太平洋岛上南至北纬 28°左右。其他几种叉尾燕见于太平洋北部。

生活习性

"在苍茫的大海上，狂风卷集着乌云。在乌云和大海之间，海燕像黑色的闪电，在高傲地飞翔。

一会儿翅膀碰着波浪，一会儿箭一般的直冲向乌云，它叫喊着——就在这鸟儿勇敢的叫喊声里，乌云听出了欢乐。

在这叫喊声里——充满着对暴风雨的渴望！

在这叫喊声里，乌云听出了愤怒的力量、热情的火焰和胜利的信心。"

——高尔基《海燕》

海燕科动物与信天翁的体形差不多，但是个头较小。它们有坚硬的钩嘴和管状的鼻孔。海燕是杰出的飞行家，人们常常赞美威尔逊海燕迎接暴风雨的挑战。海燕分布在世界各大洋，在南极地区海燕的数量较多。海燕每次只产一个卵。幼鸟由海燕父母照料，分工协作。

海燕家族中最美丽的要数雪海燕了。雪海燕一身洁白，只有眼睛的前面的羽毛和嘴是黑色的。它们以小鱼、软体动物和甲壳类动物为食。在白雪皑皑的

海 燕

南极大陆边缘，常常能够看到海燕在距离岸边不远的海面上空盘旋。其实，那是雪海燕在寻找海浪从海底翻起的小动物。雪海燕分布在南极大陆边缘，雪海燕在每年的 11 月底到 12 月初产卵。暴风海燕又叫威尔逊暴风海燕。暴风海燕的上部分是黑色的，尾部呈白色，腿很长。在飞行的时候，暴风海燕可以展现出强壮的翅膀。

暴风海燕经常在海面上空翱翔。伸展的翅膀可以使自身几乎垂直地上升。它的尾巴在控制飞行方向的时候，可以像扇子一样展开。它甚至还能用两条腿来帮助掌握平衡。它们以鲸油和海洋小动物为食。

每到繁殖季节，成群的海燕遍布南极海滩。进入发情期的暴风海燕开始重复它们枯燥而嘈杂的叫声，虽然人们听起来感到很不舒服，但是对暴风海燕来说，那是最优美的情歌。12—1月间，暴风海燕在岩石海岸的裂缝中筑巢。雌鸟每次只产下一枚卵。经过 39 ~ 48 天的孵化。小鸟才会破壳而出。在父母的精心照料和哺育下，小鸟成活的概率会很大。

知识点

大西洋

　　大西洋，是世界第二大洋，原面积8221万7千平方千米，在南冰洋成立后，面积调整为7676万2千平方千米，平均深度3627米，最深处波多黎各海沟深达8605米。从赤道南北分为北大西洋和南大西洋。北面连接北冰洋，南面则以南纬66°与南冰洋接连。大西洋这个中文名称，最早来自于万历十一年（1583）意大利传教士利玛窦在广东肇庆所翻译的一本《山海舆地全图》的世界地图册，虽然从今天的角度看该地图错误颇多，但是其中大西洋这个中文翻译从那时起便一直沿用至今。

延伸阅读

树木医生——啄木鸟

　　啄木鸟的别称是"森林医生"，它是常见的留鸟，在我国分布较广的种类有绿啄木鸟和斑啄木鸟。它们觅食天牛、吉丁虫、透翅蛾、蠹虫等有害虫，每天能吃掉大约1500条。由于啄木鸟食量大和活动范围广，在13.3公顷的森林中，若有一对啄木鸟栖息，一个冬天就可啄食吉丁虫90%以上，啄食天牛80%以上。

　　在森林、村庄，甚至有高大树木的庭院，常会听到一连串的"笃！笃！笃"声。这就是树木医生啄木鸟在给它的"病人"进行"敲诊"呢！你如果循声前往，就可以找到这个"医生"和"病人"，就可以看到从"诊断"到"治病"的全过程。

　　要给树木"治病"，首先要有攀登树木的功夫。啄木鸟的脚趾两前两后，趾端有锐爪，适于攀住树木；尾羽的羽干又硬又直，还富有弹性，可以撑住树干，帮助脚支持体重。有了这样的尾和脚，啄木鸟还能绕着树干旋转着攀登。在攀登的过程中，啄木鸟用强直如凿的嘴急速叩木，如发现某处有虫，啄木鸟就紧紧地攀住树干，就地来个小外科手术，用嘴将树皮啄破，用它那细长且先端有钩的舌头将虫从生病部位钩出来吃掉。既为树木治病，又充了饥，一举两得。

北极燕鸥

基本特征

北极燕鸥属鸥形目、鸥科、燕鸥亚科、北极燕鸥种。它是一种海鸟。这种鸟分布于北极及附近地区，繁殖区为北极及欧洲、亚洲和北美洲这些近北极的地方。

北极燕鸥

北极燕鸥是体形中等的鸟类。它们一般长 33~39 厘米，翼展 76~85 厘米。其羽毛主要呈灰和白色，喙和两脚呈红色，前额呈白色，头顶和颈背呈黑色，腮帮子呈白色。其灰色翅膀为 305 毫米，肩羽带棕色。上面的翼背呈灰色，带白色羽缘，颈部呈纯白色，其带灰色羽瓣的叉状尾部亦然。其后面的耳覆羽呈黑色。特点是头顶有块"黑罩"，体重一般是 0.9~2 千克，为飞行提供了良好的条件。

北极燕鸥也是一种体态优美的鸟类，其长喙和双脚都是鲜红的颜色，就像是用红玉雕刻出来的。头顶是黑色的，像是戴着一顶呢绒的帽子。身体上面的羽毛是灰白色的，若从上面看下去，和大海的颜色融为一体。而身体下面的羽

毛都是黑色的，海里的鱼若从下面望上去，很难发现它们的踪迹。再加上尖尖的翅膀，长长的尾翼，集中体现了大自然的巧妙雕琢和完美构思。可以说，北极燕鸥，是北极的神物！

生活习性

北极燕鸥是世界上远程飞行记录的保持者，一生当中可以飞 100 万千米以上，寿命长达 25 年。这种海鸟看上去轻得好像会被一阵狂风吹走似的，然而它们却能进行令人难以置信的长距离飞行。当北半球是夏季的时候，北极燕鸥在北极圈内繁衍后代。它们低低地掠过海浪，从海中捕捉小鱼和甲壳纲这类有硬壳的动物为食。

当冬季来临时，沿岸的水结了冰，燕鸥便出发开始长途迁徙。它们向南飞行，越过赤道，绕地球半周，来到冰天雪地的南极洲，在这儿享受南半球的夏季。直到南半球的冬季来临，它们才再次北飞，回到北极。这是一次长达38625 千米的旅行。但是，这样在两地间来回，燕鸥可以享受两个夏季，或者说是一个漫长的历时约 8 个月的夏季。北极燕鸥只会照料和保护小部分的幼鸟。成体会长期养它们的幼鸟，并帮助它们飞往南方过冬。北极燕鸥寿命很长，大部分可活上 20 年。它们主要吃鱼和水生的无脊椎动物。

在所有的迁徙动物中，北极燕鸥长途跋涉的本领是罕见的。夏季，它们在加拿大的北极圈至美国马萨诸塞州地区活动，到了冬季，它们将飞到另外一个极地——南极去越冬。燕鸥的尾巴呈叉形，它的翅膀又窄又长。这对翅膀，在空中飞翔时具有比其他飞鸟大得多的浮力。

每年 3 月，在南极做客数月之久的北极燕鸥聚成小群，准备北上，进行不可思议的、超长距离的旅行，途中要飞行 1.8 万千米左右，返回它们在北极的繁育场所。远征之前，它们要彻底脱去旧羽，换上崭新的羽毛。它们将从南极半岛出发，飞往南部非洲，越过高山，再调头向北穿过整个热带区域，沿着西非海岸飞往欧洲大陆，最后飞到北极安家落户。从南极的夏末出发，飞到北极恰好夏天的开始。北极燕鸥享受日照的时间之长，没有其他动物可以与之相比。在完成了地球上所有动物之中最长距离的迁徙之后，它们于 5 月初在北极安营扎寨，开始一个新的繁育周期。

 知识点

北 极

北极是指北纬66°34′（北极圈）以北的广大区域，也叫做北极地区。北极地区包括极区北冰洋、边缘陆地海岸带及岛屿、北极苔原和最外侧的泰加林带。如果以北极圈作为北极的边界，北极地区的总面积是2100万平方千米，其中陆地部分占800万平方千米。也有一些科学家从物候学角度出发，以7月份平均10℃等温线（海洋以5℃等温线）作为北极地区的南界，这样，北极地区的总面积就扩大为2700万平方千米，其中陆地面积约1200万平方千米。而如果以植物种类的分布来划定北极把全部泰加林带归入北极范围，北极地区的面积就将超过4000万平方千米。北极地区究竟以何为界，环北极国家的标准也不统一，不过一般人习惯于从地理学角度出发，将北极圈作为北极地区的界线。

▶▶▶ 延伸阅读

飞行专家、格斗能手——北极燕鸥

北极燕鸥是飞得最远的鸟类。它是体形中等的鸟类，习惯于过白昼生活，所以被人们称为"白昼鸟"。当南极黑夜降临的时候，便飞往遥远的北极，由于南北极的白昼和黑夜正好相反，这时北极正好是白昼。每年6月在北极地区"生儿育女"，到了8月份就率领"儿女"向南方迁徙，飞行路线纵贯地球，于12月到达南极附近，一直逗留到翌年3月初，便再次北行。北极燕鸥每年往返于两极之间，飞行距离达40000多千米。信鸽不及北极燕鸥的本领，但它能辨识的距离至少也有2000千米。在一个完全陌生的地方，它开始起飞，飞起来，绕着圈飞起来，圈越绕越大，越绕越大，然后它看准了，看准了方向，

看准了目标，以近乎直线的路程，直抵起点。这起点是它的家，它在 2000 米之外，以近乎直线的方式回家。

北极燕鸥不仅有非凡的飞行能力，而且争强好斗，勇猛无比。虽然它们内部邻里之间经常争吵不休，大打出手，但一遇外敌入侵，则立刻抛却前嫌，一致对外。实际上，它们经常聚成成千上万只的大群，就是为了集体防御。北极燕鸥聪明而勇敢，总是聚成几万只的大群，进行集体防御。貂和狐狸非常喜欢偷吃北极燕鸥的蛋和幼子，但在如此强大的阵营面前，也得三思而后行之。就连最为强大的北极熊也怕它们三分。有人曾看到过这样一个场面：有头北极熊试图悄悄逼近一群北极燕鸥的聚居地，想偷它们的蛋或者幼子吃。但当它那笨拙的身躯一暴露，北极燕鸥立刻出击，成群结队冲下去，用坚硬的喙猛啄北极熊的脑袋。北极熊只有招架之功，却回击乏术，，只好摇晃着脑袋，踮着屁股，鼠窜而去。

鹈鹕

基本特征

鹈鹕是一种大型的游禽，属鹈形目鹈鹕科，又叫塘鹅。鹈鹕，让人一眼就能认出它们的是嘴下面的那个大皮囊。鹈鹕的嘴长 30 多厘米，大皮囊是下嘴壳与皮肤相连接形成的，可以自由伸缩，是它们存储食物的地方。鹈鹕和鸬鹚一样也是也是捕鱼能手。它的身长 150 厘米左右，全身长有密而短的羽毛，羽毛为桃红色或浅灰褐色。在它那短小的尾羽跟部有个黄色的油脂腺，能够分泌大量的油脂，闲暇时它们经常用嘴在全身的羽毛上涂抹这种特殊的"化妆品"，使羽毛变得光滑柔软，游泳时滴水不沾。

在世界上共有八种，大多分布在欧洲、亚洲、非洲等地。我国的鹈鹕共有两种，分别为：斑嘴鹈鹕和白鹈鹕。斑嘴鹈鹕，鸟如其名，在它的嘴上布满了蓝色的斑点，头上被覆粉红色的羽冠，上身为灰褐色，下身为白色。而白鹈鹕主要分布在我国新疆、福建一带，它们通体为雪白色。二者均为我国的二级保护动物。

最常见的有两种鹈鹕，一种是产于北的新大陆白鹈鹕，一种是产于欧洲的旧大陆鹈鹕。褐鹈鹕体形比白鹈鹕小一些，体长大约107～137厘米。它们在大西洋和太平洋的热带和亚热带海岸线上繁殖。原先曾分布于新大陆的海岸线上。由于DDT等灭虫剂的大量使用等原因，1940—1970年期间，褐鹈鹕的数量大量减少，以于处于濒危状态。后来禁止使用DDT以后，褐鹈鹕的数量有所增加，但仍属保护动物。

鹈 鹕

生活习性

鹈鹕，在野外常成群生活，每天除了游泳外，大部分时间都是在岸上晒晒太阳或耐心地梳洗羽毛。鹈鹕的目光锐利，善于游水和飞翔。即使在高空飞翔时，漫游在水中的鱼儿也逃不过它们的眼睛。如果成群的鹈鹕发现鱼群，它们便会排成直线或半圆形进行包抄，把鱼群赶向河岸水浅的地方，这时张开大嘴，凫水前进，连鱼带水都成了它的囊中之物，再闭上嘴巴，收缩喉囊把水挤出来，鲜美的鱼儿便吞入腹中，美餐一顿。

鹈鹕的捕食方式非常奇特。从山崖上起飞后，鹈鹕在距海面不远的空中向海里侦察。一旦发现猎物，鹈鹕就收拢宽大的翅膀，从15米高的空中像炮弹一样直射进水里抓捕猎物。巨大的击水声在几百米以外都能听得清清楚楚。鹈鹕是鸟类中体魄强壮的一族。成年的鹈鹕身体长约1.7米。展开的翅膀有2米多宽。它的翅膀强壮有力，能够把庞大的身躯轻易送上天空。鹈鹕是一种喜爱群居集的鸟类。它们喜欢成群结队地活动。每当鹈鹕集体捕鱼的时候，在海面上人们可以看到鹈鹕此起彼伏地从空中跳水的壮观场面。鹈鹕有一张又长又大的嘴巴。嘴巴下面还有一个大大的喉囊。成年鹈鹕的嘴巴都能长到40厘米。巨大的嘴巴和喉囊使鹈鹕显得头重脚轻。当鹈鹕在地上走路的时候总是摇摇摆摆，步履蹒跚。这是因为鹈鹕的大嘴很碍事。尤其是当它捕到猎物的时候，大嘴和喉囊里装满了海水，使它浮出水面的时候很困难。人们见到鹈鹕浮出水面的时候，总是尾巴先露出水面，然后才是身子和大嘴。而且，鹈鹕一定要把嘴中的海水吐出来，才能从水面起飞。

鹈鹕的求爱和育雏方式特别有趣。鹈鹕常集大群繁殖。雄鹈鹕向雌鹈鹕求爱时，时而在空中跳着"8"字舞，时而蹲伏在占有的领地上，嘴巴上下相互撞击，发出急促的响声，脑袋以奇特的方式不停地摇晃，希望在众多的"候选人"中得到雌性对自己的垂青。

每到了繁殖季节，鹈鹕便选择人迹罕至的树林，在一棵高大的树木下用树枝和杂草在上面筑成巢穴。鹈鹕通常每窝产三枚卵，卵为白色，大小如同鹅蛋。小鹈鹕的孵化和育雏任务，由父母共同承担。当小鹈鹕孵化出来后，鹈鹕父母将自己半消化的食物吐在巢穴里，供小鹈鹕食用。小鹈鹕再长大一点时，父母就将自己的大嘴张开，让小鹈鹕将脑袋伸进它们的喉囊中，探取食物。有时小鹈鹕就站在父母的大嘴里吃食。

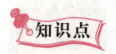

知识点

DDT

DDT 又叫滴滴涕、二二三，化学名为双对氯苯基三氯乙烷，英文全名 Dichlorodiphenyltrichloroethane。中文名称从英文缩写 DDT 而来，为白色晶体，不溶于水，溶于煤油，可制成乳剂，是有效的杀虫剂。20 世纪上半叶它对防治农业病虫害，减轻疟疾伤寒等蚊蝇传播的疾病危害起到了不小的作用。但由于其对环境污染过于严重，目前很多国家和地区已经禁止使用。

延伸阅读

鸟类的霸主——鹰

　　鹰是隼形目猛禽的典型代表，种类很多，分布于六大洲。有鹰、鵟、鸢、鹫、枭、雕、隼等等，汉语中还把某些较大的隼科鸟类和猫头鹰等鸱鸮科食肉鸟类也划为鹰。大多数鹰在树上筑巢，也有些种类如泽鹰在多草的地面营巢，其他种类都把巢筑在悬崖上。在我国最常见的有苍鹰、雀鹰和赤腹鹰三种。

　　不同种类的鹰大小、习性各不相同，有最大型和最凶狠的猛禽，也有小型的猛禽，有时将体形较大的称为"雕"，体形较小的称为"鹞子"。人们所熟悉的猛禽如鹰、雕、鹞和兀鹫等都是鹰科的成员。有的鹰食腐肉，如多种兀鹫；有的食鸟类，如雀鹰；有的食兽类，如角雕；有的食鱼，如渔雕；有的食爬虫，如蛇雕；有的食昆虫，如蜂鹰。还有些特殊成员，如食水果的棕榈鹫和专食蜗牛的蜗鸢。

　　鹰是食肉猛禽，嘴弯曲锐利，脚爪具有钩爪，性凶猛，以小型哺乳动物、爬行动物、其他鸟类以及鱼类为食，主要在白天活动。鹰的视力相当敏锐，从天空上可以发觉地面的小动物，肌肉非常强有力，大型鹰两脚甚至可以将一头小鹿的脊椎骨折断，可以携带一头几十千克重的羊飞行。

　　鹰是世界上最长寿的鸟类，寿命可达70岁。但当鹰活到40岁的时候，爪子便开始老化，无法有效地抓住猎物，喙变得又长又弯，翅膀也越加沉重，飞翔也会十分吃力。这时，鹰就只有两种选择，死亡或再生。选择再生的鹰必须经过一个十分痛苦的更新过程才能得到剩余30年的寿命。它必须努力飞到山顶，在悬崖筑巢，在那里度过漫长而又痛苦的150天。在这段时间里，它要用又长又弯的喙猛劲击打岩石，直到喙完全脱落，然后等待新的喙长出来；再用长出的新喙将爪子指甲一根一根地拔出来；当新指甲长出来后，再将羽毛一片一片地拔掉；等到新的羽毛长出来后，鹰就会获得再生，可以重新翱翔于广阔的天空。

 信天翁

基本特征

信天翁体长从 68～135 厘米；翼展从 178～350 厘米。最大的信天翁的翅膀长达 3.5 米，是世界上翅膀最长的鸟。

信天翁

信天翁体羽白色，翼尖深色；雌鸟白色，眉、背、翼正面和尾为深色。大部分信天翁筑一土坑，衬以羽毛和草做巢；热带地区的信天翁较少筑巢，而加岛的信天翁则不筑巢。

信天翁繁殖是一窝单卵，白色。孵化期 65—79 天。食物：乌贼、鱼、甲壳类、渔船废物。

信天翁种类包括：阿岛信天翁、皇信天翁、漂泊信天翁、黑脚信天翁、黑背信天翁、加岛信天翁、短尾信天翁、灰背信天翁、乌信天翁、黄鼻信天翁、黑眉信天翁、新西兰信天翁、灰头信天翁等。

最著名的信天翁有：

1. 黑眉信天翁。翅展约 230 厘米，于远离北大西洋海岸外漂游，有黑色的眼纹。

2. 黑脚信天翁。翅展约 200 厘米，大部分为灰褐色，营巢于热带太平洋岛屿。

3. 皇家信天翁。翅展约 315 厘米，成鸟羽毛大多为白色，外侧翅上覆羽黑色，繁殖于新西兰附近岛屿及南美最南端。

分布：从约南纬 25°至流冰群的南半球海域，到北太平洋以及科隆群岛

（加拉帕戈斯群岛）和秘鲁外海都有信天翁生息。它们利用该区域内的岛屿进行繁殖。

生活习性

信天翁的栖息地是海洋。信天翁是 14 种大型海鸟的统称。它们在岸上表现得十分驯顺，因此，许多信天翁又俗称"呆鸥"或"笨鸟"。

海上信天翁

信天翁是最善于滑翔的鸟类之一。在有风的气候条件下，能在空中停留几小时而无须拍动其极其长而窄的翅膀。它们需要逆风起飞，有时还要助跑或从悬崖边缘起飞。无风时，则难于使其笨重的身体升空，多漂浮在水面上。也像其他鸟一样，能喝海水。

信天翁是出了名的食腐动物，喜食从船上扔下的废弃物。它们的饮食范围很广，但经过对它们胃内成分的详细分析，发现鱼、乌贼、甲壳类构成了信天翁最主要的食物来源。它们主要在海面上猎捕这些食物，但偶尔也会像鲣鸟一样钻入水中，深度达 6 米（灰头信天翁），甚至最深可达 12 米（灰背信天翁）。

信天翁有时会在夜间觅食，因为那时很多海洋有机物都浮到水面上来。有关信天翁白天和夜间觅食的比例问题，人们通过使它们吞下一个传感器的办法便可以获得详细信息。传感器位于胃中，当信天翁吞入一条从寒冷的南大洋水域中捕获的鱼时，体内温度会立刻降低，传感器便将此记录下来。摄入的食物成分比例因种类而异，而这对信天翁的繁殖生物学有很大的影响。

信天翁寿命相当长，平均可存活 30 年。但它们繁殖较晚。虽然 3—4 岁时生理上就具备了繁殖能力，但实际上它们在之后的数年里并不开始繁殖，有些甚至直到 15 岁才进行繁殖。刚发育成熟后，幼鸟会在繁殖季节临近结束时出现在繁殖地，但时间很短；接下来的几年内它们才会花越来越多的时间上岸来寻求未来的另一半。当一对配偶关系确立下来后，通常就会一直生活在一起，直到一方死亡。"离婚"只发生在数次繁殖失败后，并且代价很大，因为它们接下来几年内都不会繁殖，直至找到新的配偶。

知识点

黑脚信天翁

　　黑脚信天翁栖居在南太平洋的一些群岛上，它长着一身美丽漂亮、光滑夺目的黑羽，一般体长 1 米，翼展长达 3 米以上。

　　它在海上飞行时，能够毫不费力地驾驭长风，借助风力进行滑翔，其飞技之高，令人惊叹。有时它可几个钟头不扇动一下翅膀，停留在空中纹丝不动，一任强风吹送。有时能紧挨着滔天巨浪，不停地飞翔十几个小时以上，1 小时内能横扫 60 海里。它们一下子冲上云天，一下子又俯冲到海面，其飞速和飞行姿态都令人叹服不已。它对海上风暴根本无所畏惧，而是希望越大越好，因为这样更有助于它乘风滑翔，少鼓翅翼，是世界上飞翔能力最强的鸟，被赋予"风之骄子"的光荣称号。

延伸阅读

保护信天翁

　　信天翁的繁殖群居地由于在孤立的海岛上，没有天敌，因而长期以来一直保护良好。但自从被水手船员发现后，便蒙受了巨大损失：蛋被攫取，成鸟被害。而随着羽毛被用于人类服装和寝具的制造后，它们更是遭到了大肆掠劫。短尾信天翁便因人类征集它们的羽毛而几近灭绝：数十万只鸟被捕杀，种类的繁殖行为在 20 世纪 40 年代后期和 20 世纪 50 年代早期一度完全停止。这一种类得以生存下来是因为那些未成鸟当时不在繁殖群居地，而在海上游荡，相对比较安全，后来它们按既定航线回来，从而"拯救"了整个种类。自 1954 年恢复繁殖以来，日本南鸟岛上的短尾信天翁数量出现了缓慢的回升，现在其中一个主要繁殖群的规模达到了约200对。黑背信天翁则由于太平洋中北部岛屿中途岛成为美国的空军基地而受到了严重威胁。这一鸟类在军事基地和机场跑道周围营巢，结果很多信天翁与天线和飞机相撞而死。

而信天翁在海上面临着更多暗中的危险。除了漏油和化学污染物带来的危害，更迫在眉睫的威胁来自人类的捕鱼活动。尽管如今刺网已禁止在公海使用，但所谓的"延绳法"则被广泛用于捕捞海底的鱼类如智利鲈鱼以及中层水域的鱼类如金枪鱼。仅一条捕捞金枪鱼的延绳就长达100千米。延绳布好后，饵钩从渔船的船首会散开去。而对于这种诱惑，信天翁恰恰是难以抗拒。它们吞下了诱饵，结果被钩住了，随后被延绳拖入水中，最终数小时后被捕鱼者连同其他猎物一起拉上来。每年有多达44 000只信天翁就这样遇害，从而导致了南部洋区部分种类数量的减少。

一些切实可行的措施能够有效地降低这种威胁，如在夜间布绳。同时，国际组织正在积极说服有关国家和渔船队采取对信天翁无害的捕鱼办法。然而，随着全世界的捕捞船队进一步开发南部海域，一种新的威胁摆在了面前，即人类有可能与信天翁及别的动物直接争夺磷虾、乌贼和其他海洋生物资源，那么势必将影响它们的生存。

军舰鸟

基本特征

军舰鸟体长75～112厘米；翅长而强，翅展176～230厘米；嘴长而尖，端部弯成钩状；尾呈深叉状；脚短弱，几乎无蹼；雌鸟一般大于雄鸟。为大型热带鸟类，喉部有喉囊，用以暂时贮存所捕食的鱼类。雄鸟上体黑色，具绿色光泽。喉、颈、胸黑色，具紫色光泽。腹白。嘴黑，喉囊红色。雌鸟和雄鸟相似，但胸和腹白，嘴玫瑰色。雌鸟下颈、胸部为白色，羽毛缺少光泽。

军舰鸟胸肌发达，善于飞翔，素有"飞行冠军"之称。捕食时的飞行时速可达400公里左右，是世界上飞行最快的鸟。它不但能飞达约1200米的高度，而且还能不停地飞往离巢穴1600多千米的地方，最远处可达4000千米左右。军舰鸟在12级的狂风中也会临危不惧，能够安全从空中飞行、降落。

生活习性

军舰鸟有对长而尖的翅膀，极善飞翔。当它两翼展开时，两个翼尖间的距离可达2.3米。白天，军舰鸟几乎总是在空中翱翔的。它们能在高空翻转盘旋，也能飞速地直线俯冲，高超的飞行本领着实令人惊叹。军舰鸟正是凭借这身绝技，在空中袭击那些叼着鱼的其他海鸟。它们常凶猛地冲向

军舰鸟

目标，使被攻击者吓得惊慌失措，丢下口中的鱼仓惶而逃。这时，军舰鸟马上急冲而下，凌空叼住正在下落的鱼，并马上吞吃下去。由于这种海鸟的掠夺习性，早期的博物学家就给它起名为军舰鸟。

军舰鸟虽然极善飞翔。翅膀很大，但它们的身体较小，腿又短又细。它们不能像鹈鹕、鸬鹚那样潜入水中捕鱼，因为它们细弱的腿很难使它从水面上直接起飞。因此，军舰鸟在自己捕食时，只能吃些漂在水面上的水母、软体动物甲壳类和一些小鱼及死鱼，很难吃到水下的大鱼。于是，在长期的演化过程中，军舰鸟变成鸟中海盗，它们依靠掠夺食物来弥补自己取食能力的缺陷。军舰鸟每到夜晚必定回到陆地或海岛上栖息。它们休息时，一般都落在高耸的岩石上或树顶上，始终保持跟地面有一定的距离，以便以后能顺利起飞。军舰鸟在游泳时，也只是聚集在离岸不远的海面上。

军舰鸟喜欢群居。栖息时，大群的军舰鸟挤在一起，显得十分拥挤。而且其他海鸟，如鲣鸟、海鸥等也常聚集在军舰鸟周围栖息。这些白天受到军舰鸟欺

负、掠夺的海鸟，到了夜晚却和军舰鸟同宿，自然界的事情有时简直不可思议。

军舰鸟在海洋上空度过漫漫长夜。这是因为军舰鸟的脚很小，在陆上行动很不方便。它们在沙滩上捕食刚孵出的海龟，还吃在人类聚居地可以找到的任何食物。

军舰鸟

军舰鸟的繁殖行为非常奇异。雄军舰鸟的喉囊通常是暗橙色的，但在繁殖季节期间，却变成鲜艳的绯红色，并且膨胀起来，大如小孩子的头。雌鸟接近时，雄鸟摆好姿势，展示自己的喉囊，以吸引对方注意。双方把喙向上翘，展开双翼，并向对方发出咯咯咯的叫声来吸引对方。

雌鸟产下一枚蛋后，雄鸟的喉囊即慢慢瘪下，颜色也随之消退。雌雄军舰鸟一同筑巢、合力孵蛋及喂养幼雏。

军舰鸟虽然能够自己捕食，但它们却更多地采用强抢的方法，在空中劫掠其他鸟类，特别是红脚鲣鸟所捕获的鱼类。军舰鸟因这种强盗行为，而被人称为"飞行海盗"。

知识点

喉囊

喉囊是某些鸟类整个下嘴的皮囊。喉囊可以伸缩，是用来兜捕和暂时贮存鱼类等食物的，也可靠它散发体温。又如，褐鲣鸟、鸬鹚等鸟类在嘴的基部也有1个小型喉囊。喉囊的颜色有红色、肉色或黄绿色、黑色的，因种而异。

白腹军舰鸟

军舰是大家熟悉的名字，但军舰鸟并不为更多的少年朋友所知。这里介绍的白腹军舰鸟是一种大型的海洋性鸟类。它们生活在热带海洋地区，白天在海上飞翔，在海水中捕食，夜晚在岸边林地宿营。

白腹军舰鸟体长约950厘米，翼展可达2米。雄鸟嘴黑色，喉囊红色。上体黑色，泛绿色光泽；喉、颈、胸黑色，泛紫色光泽。腹部为白色。雌鸟嘴玫瑰红色，胸、腹部白色。幼鸟上体黑褐色，头及下体污白。

白腹军舰鸟的飞行速度是惊人的。它常常依靠它那快速、敏捷的飞行，从鲣鸟、海鸥的口中夺取食物。在大洋中航行的海员，经常看到这样的情景：鲣鸟刚从水上飞起，捕到的鱼还在嘴里，还没来得及吞咽，军舰鸟快如闪电，犹如一道黑影，早把鲣鸟的猎物掠夺而去。

有时，军舰鸟还能迫使海鸟把已吞进喉部的食物再吐出来。这未免有些欺人太甚，是吧？但是，弱肉强食，这是动物界的规律。正因如此，动物界才能生生灭灭、繁衍至今。假如人为地改变某种动物的习性，也就破坏了自然界生物链中的一环，或许，也就导致了整个生态平衡的破坏。所以，有些人们看来"很坏"的动物，也应受到人类保护。白腹军舰鸟就是国家一级保护的野生动物。

 贼 鸥

基本特征

贼鸥是贼鸥科几种掠食性海鸟的统称。在美国和英国，贼鸥所指的种类也不尽相同。在美国，贼鸥仅指英国人称之为的大贼鸥。而在英国，贼鸥还包括3种美国人称之为的猎鸥。

贼　鸥

贼鸥体长约 60 厘米，形似海鸥，但较粗重，淡褐色，具白色大翅斑。是唯一既在北极又在南极繁殖的鸟类。除人类外，大贼鸥是曾来到最接近南极点处的生物。虽然繁殖种群占据彼此分离的地区并且颜色不同，但它们似乎均属同一个种。在北方，贼鸥类仅在大西洋地区繁殖，羽毛稍呈锈红色。在南方却有几种羽衣类型，从灰白色到浅红色到深褐色。冬季，贼鸥类飞向大海；南方者向北方迁移，在太平洋地区定期跨越赤道，而北方者则飞抵热带。贼鸥敏捷而迅速，会迫使其他鸟类吐出食物；营巢于企鹅、燕鹱、燕鸥之类的附近，盗食它们的卵和幼雏。在北方，贼鸥亦食旅鼠，并且跟巨鹱一样，食大量腐肉。

生活习性

贼鸥的猎物主要包括鱼和磷虾，但也不放过其他机会。贼鸥是企鹅的大敌。在企鹅的繁殖季节，贼鸥经常出其不意地袭击企鹅的栖息地，叼食企鹅的蛋和雏企鹅，闹得鸟飞蛋打，四邻不安。

贼鸥好吃懒做，不劳而获，它自己从来不垒窝筑巢，而是采取霸道手段，抢占他鸟的巢窝，驱散他鸟的家庭，有时，甚至穷凶极恶地从他鸟、兽的口中抢夺食物。一旦填饱肚皮，就蹲伏不动，消磨时光。

懒惰成性的贼鸥，对食物的选择并不十分严格，不管好坏，只要能填饱肚子就可以了。除鱼、虾等海洋生物外，鸟蛋、幼鸟、海豹的尸体和鸟兽的粪便等都是它的美餐。

贼鸥通常会一次产下两只蛋，先孵出的占有绝对优势。它们从不会"孔融让梨"，先孵出的除了总是争先夺去父母带来的食物外，还会制造骨肉相残的事件。年幼的贼鸥有时会给赶出鸟巢；不幸遇上另一对父母便会立即受到猎杀。由于鸟巢常筑在企鹅鸟巢附近，雏鸟的另一个威胁是误给企鹅踩死。

贼鸥的飞行能力较强。据说，南极的贼鸥能飞到北极，并在那里生活。在南极的冬季，有少数贼鸥在亚南极南部的岛屿上越冬。中国南极长城站周围就是它的越冬地之一，那里到处是冰雪，不仅在夏季几个月里裸露的那些小片土地被雪覆盖，而且大片的海洋也被冻结。这时，贼鸥的生活更加困难，没有巢居住，没有食物吃，也不远飞，就懒洋洋地待在考察站附近，靠吃站上的垃圾过活，人们称之为义务清洁工。

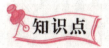

知识点

企　鹅

　　企鹅是地球上数一数二的可爱动物。世界上总共18种企鹅，它们全分布在南半球；南极与亚南极地区约有8种，其中在南极大陆海岸繁殖的有2种。但是在炎热的非洲大陆南非旅游城市开普敦也有企鹅。企鹅常以极大数目的族群出现，占有南极地区85%的海鸟数量。

　　和鸵鸟一样，企鹅是一群不会飞的鸟类。虽然现在的企鹅不能飞，但根据化石显示的资料最早的企鹅是能够飞的哦！直到65万年前，它们的翅膀慢慢演化成能够下水游泳的鳍肢，这才成为目前我们所看到的企鹅。

 延伸阅读

北极贼鸥

　　北极贼鸥栖息在北极地区的许多岛屿上，鸟的羽衣可区分为三种类型，即黑色型、灰白色型和中间色型。黑色型个体多见于分布区的南部，而灰白色型则多见于分布区的北部。北极贼鸥是一夫一妻的单配偶动物，行为生态学家曾以它们为例，详细分析过了性选择对单配偶动物的影响。

　　1977年科学家借助于一系列的模型曾分析过北极贼鸥这三种色型共存于

同一种群的机制。黑色色型的存在是由于有一部分雌鸥喜欢选择着黑衣的雄鸥做配偶，一般说来，这些雄鸥比灰白色雄鸥有更强的战斗性，占有较大的领域，而且求偶时更富有吸引力。

也许雌鸥喜欢选择黑色雄鸥的机制仅仅是因为它们对黑色雄鸥的反应阈值比较低，但不管机制是什么，对雌鸥来说，选择黑色雄鸥作配偶，往往能比较早地开始生殖，而且幼鸟的出巢率也比较高。

这里自然会提出这样一个问题：既然黑色雄鸥有这么明显的优点，那么为什么不是所有的雄鸥都是黑色的呢？原来灰白色的个体也有自己特有的优势，这就是它们能够在比较早的年龄进行第一次生殖。这一特点可以带来三方面的好处：存活到生殖年龄的机会较大，可供利用的生殖季节较长，以及能较早地获得生殖经验，并将有利于在后继年份提高生殖成功率。

目前，黑色型贼鸥在种群中所占的比例正在下降，这表明雌鸥偏爱选择黑色雄鸥做配偶的行为在过去的某些时候曾得到了发展，那时黑色雄鸥与灰白色雄鸥相比有更大的选择优势；但现在可能是因为气候的变化，这种优势已经下降，而灰白色鸥则因其具有较长的生殖期限而在种群中的比例有所增加。

涉 禽

　　涉禽是指那些适应在沼泽和水边生活的鸟类。它们的腿特别细长，颈和脚趾也较长，适于涉水行走，不适合游泳。休息时常一只脚站立，大部分是从水底、污泥中或地面获得食物。鹭类、鹳类、鹤类和鹮类等都属于这一类。涉禽至少有210个物种，大多数物种都分布在湿地或沿海。北极和温带的一些物种比较多会迁徙，而热带的物种则常为留鸟或只在不同降雨带迁徙。一些北极物种，如长途迁徙动物中的小滨鹬，非繁殖季节会在南半球。

　　常见的涉禽有仙鹤、白鹭、朱鹮等，这些鸟类大都为濒危的鸟类，如白鹤为世界著名珍禽，而朱鹮是世界最为濒危的鸟类之一，目前只在我国陕西秦岭有分布。

丹顶鹤

基本特征

　　仙鹤是人们对鹤类的总称，全世界共有15种，我们中国就有9种，它们是丹顶鹤、白鹤、黑颈鹤、赤颈鹤、白头鹤、白枕鹤、灰鹤、蓑羽鹤和加

丹顶鹤

拿大鹤。下面我们讲述最有名的丹顶鹤、白鹤和黑颈鹤。

丹顶鹤常出现在诗词图画中，因为时常在诗画中与仙人隐士为伴，所以又叫仙鹤。

画家特别愿意选它入画，大概是它昂首阔步，一尘不染，骄矜潇洒的神气令人称羡。世界上几千种鸟，有的鲜艳无比，如金鸡、铜鸡；有的五彩缤纷，如各种鹦鹉；有的娇小俏丽，如蜂鸟；有的傻大黑粗，如鸵鸟、鸸鹋；还有的又丑又怪，如秃鹳、靴嘴鹳；只有鹤类雍容华贵，丹顶鹤又是其中之最。

丹顶鹤一般体长在 2 米以上，颈长腿长，全身披着细密的乳白色羽毛，翅端有黑色羽毛，头顶裸露无毛，有鲜红色的大肉冠，格外鲜艳夺目，故名"丹顶鹤"。由于它体形优美，行止潇洒大方，羽毛洁美，鸣声高亢响亮，古代被认为是神仙隐士的伴侣，因之又得名"仙鹤"，常以"松鹤延年"为长寿的象征。

生活习性

丹顶鹤栖息于河湖边、芦苇荡的沼泽地区及水草繁茂的溪流湿地。它们常成对或以家族方式三四只一起活动，喜涉水，常到溪流、河湖边觅食，主要以鱼类、甲壳类、软体类、昆虫类、蛙类以及小型鼠类为食，也啄食禾本科植物的根、茎、叶、嫩芽和种子，在进食时往往啄食一些砂粒、泥土进入砂囊，以帮助磨碎食物。

丹顶鹤是一种典型的候鸟，每年 10—11 月飞向南方，在长江中下游的江苏、浙江、安徽等地越冬。每年早春，北国积雪尚未全消的时候，丹顶鹤就已从南方飞来了。丹顶鹤繁殖在东北亚。我国东北地区是它的大本营,绝大多数在黑龙江境内,在1975—1976年的野生动物资源调查时,把丹顶鹤作为重点项目,调查结果,全省共有1310只,被列为我国的一级保护动物。除中国的动物园外,1980年国外有20家动物园共饲养75只丹顶鹤。因此,无论在哪国动物园里,它也得算是一种珍稀鸟类。

丹顶鹤是世界上有名的珍奇观赏鸟,主要繁殖在我国黑龙江省嫩江中下游地区。入秋后,丹顶鹤从东北繁殖地迁飞南方越冬。只有在日本北海道它是当地的留鸟,不进行迁徙,这可能与冬季当地人有组织地投喂食物,食物来源充足有关。丹顶鹤迁徙时排成"一"字形或"V"字形。

丹顶鹤属于单配制鸟,若无特殊情况可维持一生。每年的繁殖期从3月开始,持续6个月,到9月结束。它们在浅水处或有水湿地上营巢,巢材多是芦苇等禾本科植物。丹顶鹤每年产一窝卵,产卵一般2~4枚。孵卵由雌雄鸟轮流进行,孵化期31—32天。雏鸟属早成雏。繁殖期求偶伴随舞蹈、鸣叫。丹顶鹤寿命可达50—60年。

我国在丹顶鹤等鹤类的繁殖区和越冬区建立了扎龙、向海、盐城等一批自然保护区。在江苏省盐城自然保护区,越冬的丹顶鹤最多一年达600多只,成为世界上现知数量最多的越冬栖息地。北京动物园1954年首次饲养展出丹顶鹤,1964年繁殖成功。主要的繁殖地:内蒙古达赉湖、乌拉盖、科

丹顶鹤起飞

尔沁、呼伦湖、辉河、嘟噜河下游,黑龙江小兴凯湖、兴凯湖,吉林向海、莫莫格,辽宁辽河三角洲。

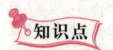 知识点

黑颈鹤

黑颈鹤是国际鹤类基金会组织至今尚未饲养过的唯一一种鹤，基本上只产在我国，是我国的著名特产珍禽之一，属于国家一级保护动物。黑颈鹤在外形上同丹顶鹤很近似，羽衣白色，站立时尾部黑色，像穿着黑色的裙子，头顶也有一块朱红，只不过没有丹顶鹤的丹顶那么鲜艳。最主要的区别在于颈部，黑颈鹤从头到颈部都是黑的，而丹顶鹤是白色和部分暗褐色。

在黑颈鹤的故乡，人们叫它"神鸟"，因为清晨从它的鸣声中可以辨别天气的阴晴。传说在云贵高原越冬时，它曾向人们许愿：不在那里喝清明的水，不吃清明后播种的庄稼。其实这个传说恰好说明了它迁徙的时间，每年清明之前一定要飞回故乡去。在云贵高原的越冬期一般是由10月、11月到来年的4月、8月。

▶▶▶ 延伸阅读

鹤中的白衣天使——白鹤

白鹤在鹤类家族中是最漂亮的一种。个体比较大，体重约6千克，全身披着洁白光亮的羽毛，头的前半部和两条修长的腿是红色，银装素裹，亭亭玉立，显得格外娇秀。它那流线形的身躯和昂首漫步的举止，更是风度翩翩，潇洒妩媚。当它们伸展双翅在天空翱翔的时候，可以看到它的翅尖是黑色的。根据这个特点，当地群众又形象地叫它黑袖鹤。它美丽动人的形象，就像是美丽的仙子，因此，人们常用绘画、雕塑、诗歌来描绘它，赞美它，把它看成高洁、长寿和吉祥的象征。

白鹤生活在沼泽地，繁殖期间的主要食物是小鱼、软体动物和水生植物。

越冬期间完全是素食，光吃水生植物的根芽。

白鹤飞到越冬地后，过着明显的群居生活。常常几十只或几百只聚在一起，如果仔细观察一下鹤群，就会发现形影不离的白鹤家庭是组成鹤群的基本单位，而一个白鹤家庭是由"爸爸"、"妈妈"和一个"孩子"组成的，很少见到有两个"孩子"的家庭，还有的家庭一个孩子也没有，这就是说孵出来的小鹤不能完全成活，生活在大自然里，它们要面临许多威胁。白鹤赖以生存的沼泽湿地也不断地被侵占和破坏，水还会遭受污染，环境日趋恶劣，使得白鹤家庭不能兴旺发达。

根据国际鹤类研究中心的资料：20世纪60年代初期世界上的白鹤有几千只，但是到了70年代末只剩下200多只。鉴于白鹤数量急剧减少，国际生物学界公认白鹤已进入濒危状态，记入专门记载濒危物种的红皮书里，我国把白鹤列为一级保护动物，并在越冬地——鄱阳湖建立了自然保护区。我们期待着通过保护白鹤的具体措施的实施和科学研究，使白鹤的种群得到恢复，使这种珍稀漂亮的鸟类伴随人类生存下去。

朱 鹮

基本特征

朱鹮被称为东方鸟类的明珠，远望全身洁白如雪，近看头、翅的羽毛略带粉红色。长长的嘴弯弯，黑色而尖端朱红色，头后部具有向上而下披着的冠羽，腿脚朱红色。

朱鹮是一种中型涉禽，体长67～69厘米，体重1.4～1.9千克，体态秀美典雅，行动端庄大方，十分美丽动人。与其他类不同，它的头部只有脸颊是裸露的，呈朱红色，虹膜为橙红色，黑色的嘴细长而向下弯曲，后枕部还长着由几十根粗长的羽毛组成的柳叶形羽冠，披散在脖颈之上。腿不算太长，胫的下部裸露，颜色也是朱红色。一身羽毛洁白如雪，两个翅膀的下侧和圆形尾羽的一部分却闪耀着朱红色的光辉，显得淡雅而美丽。由于朱鹮的性格温顺，中国民间都把它看作是吉祥的象征，称为"吉祥之鸟"。

生活习性

朱鹮生活在温带山地森林和丘陵地带，大多邻近水稻田、河滩、池塘、溪流和沼泽等湿地环境。性情孤僻而沉静，胆怯怕人，平时成对或小群活动。朱鹮对生境的条件要求较高，只喜欢在具有高大树木可供栖息和筑巢，附近有水田、沼泽可供觅食，天敌又相对较少的幽静的环境中生活。晚上在大树上过夜，白天则到没有施用过化肥、农药的稻田、泥地或土地上，以及清洁的溪流等环境中去觅食。主要食物有鲫鱼、泥鳅、黄鳝等鱼类，蛙、蝌蚪、蝾螈等两栖类，蟹、虾等甲壳类，贝类、田螺、蜗牛等软体动物，蚯蚓等环节动物，蟋蟀、蝼蛄、蝗虫、甲虫、水生昆虫及昆虫的幼虫等，有时还吃一些芹菜、稻米、小豆、谷类、草籽、嫩叶等植物性的食物。它们在浅水或泥地上觅食的时候，常常将长而弯曲的嘴不断插入泥土和水中去探索，一旦发现食物，立即啄而食之。休息时，把长嘴插入背上的羽毛中，任凭头上的羽冠在微风中飘动，非常潇洒动人。飞行时头向前伸，脚向后伸，鼓翼缓慢而有力。在地上行走时，步履轻盈、迟缓，显得闲雅而矜持。它们的鸣叫声很像乌鸦，除了起飞时偶尔鸣叫外，平时很少鸣叫。

朱鹮

每年 3—5 月是朱鹮的繁殖季节，它们选择高大的栗树、白杨树或松树，在粗大的树枝间，用树枝、草棍搭成一个简陋的巢。朱鹮的巢平平的，中间稍下凹，像一个平盘子。雌鸟一般产 2～4 枚淡绿色的卵。经 30 天左右的孵化，小朱鹮破壳而出。60 天后，雏鸟的羽翼丰满起来，但还远没发育

YIQI TANXUN NIAOLEI SHIJIE

成熟，它们的羽毛比成熟朱鹮的颜色稍深，呈灰色。直到3年之后，小朱鹮才完全发育成熟，并开始生儿育女。

朱鹮之乡——汉中洋县

　　洋县位于陕西省西南部，汉中盆地东缘，北依秦岭，南靠巴山，东接佛坪、石泉县，南邻西乡县，西毗城固县，北界留坝县、太白县。地理坐标为东经107°11′~108°33′，北纬33°02′~33°43′之间，东西宽约56千米，南北长约76千米。汉江由西向东横贯其中，西汉高速、108国道，阳安铁路穿境而过；全县总面积3206平方千米。历史文化悠久，自然资源丰富，交通四通八达，开发前景广阔，古为"汉上明珠"，今称"朱鹮故乡。"

朱鹮的保护

　　在历史上，朱鹮曾广泛分布在亚洲东部。从本世纪中期，由于人类的活动，环境发生改变，朱鹮的数量急剧减少，分布区迅速缩小，近于灭绝。1960年在日本东京召开的"国际鸟类保护联盟"第12届会议上通过决议，将朱鹮列为"国际保护鸟"。但是这并没能使朱鹮鸟摆脱濒危的境地。1979年、1980年苏联、朝鲜、日本的朱鹮相继绝灭。

　　朱鹮在我国曾是广布种，北从黑龙江，南到台湾、海南岛，西至甘肃都有它们的踪迹。在20世纪30年代14个省有分布，50年代甘肃.陕西、江苏还有记录，最后一阶标本是1964年在甘肃康县采到的。鉴于野生朱鹮相继在苏联、朝鲜、日本的失踪，国际上就把重新找到朱鹮的希望寄托到了我国。1978

年秋天到 1981 年 5 月，中国科学院动物研究所派出调查组历经 3 年艰辛，行程 5 万多千米，考察了 11 个省，终于在秦岭南坡的陕西省洋县重新找到了正在繁殖的朱鹮及巢，辨命名为"秦岭 1 号朱鹮群体"。

在海拔 1356 米的金家河山谷和距金家河 2 千米的姚家沟，发现了两个朱鹮巢。金家河仅有一对成鸟，产下 4 枚卵，但育雏没有成功；姚家沟的巢中却有 8 只幼鸟，这说明朱鹮在野外并没有灭绝，这个稀有种有可能继续生存下去。这一消息引起了国内外的极大关注。

随后建立了洋县朱鹮保护观察站，建立了两个观察点，常年守护观察，并加强对朱鹮栖息地的保护管理，不准在朱鹮取食的水田中施化肥、农药，冬季仍保留一定冬水田面积，以利朱鹮觅食，在周围山上植树，恢复植被，改善环境。为朱鹮解决食物不足的问题，尤其是繁殖季节，十年来在营巢地共投食物 5000 多千克，基本上保证了所需的食物量。管理人员还采取一系列措施防止食肉兽对朱鹮的危害，并对幼雏加以保护。总之，通过人们多方面的努力，使这一繁殖群体扩大到了 50 多只，更可喜的是经过北京动物园的努力已能人工孵出小朱鹮并饲养成活。

人类处理好和环境及其他动物的关系，就会使我们的世界丰富多彩，延缓甚至避免其他动植物的灭绝，否则，灭顶之灾终将会危及人类。

 火烈鸟

基本特征

火烈鸟，是鹳形目、红鹳科、红鹳属的一种，因全身为火红色而得名。一种大型涉禽。体形大小似鹳，脖子长，常呈 S 形弯曲。通体长有洁白泛红的羽毛。火烈鸟的喙比较特别，上喙比下喙小。嘴短而厚，上嘴中部突向下曲，下嘴较大成槽状；颈长而曲；脚极长而裸出，向前的三趾间有蹼，后趾短小不着地；翅大小适中；尾短；体羽白而带玫瑰色，飞羽黑，覆羽深红，诸色相衬，非常艳丽。这种外形美丽的鸟类能够飞行，但是事先得狂奔一阵以获得起飞时

所需动力。

火烈鸟是世界珍禽之一，分布于地中海沿岸，东达印度西北部，南抵非洲，亦见于西印度群岛。非洲、美洲、法国以及西印度群岛都是它栖居最多的地方，巴哈马联邦并定它为该国国鸟。

火烈鸟

生活习性

火烈鸟的粉红色对于刺激繁殖扮演重要的角色，这种颜色来自它们的食物，包括水藻、矿藻、水生动植物、昆虫以及甲壳纲动物。火烈鸟有非常特别的进食习惯。火烈鸟的喙在水里是倒立摆放。火烈鸟用喙的前端吸入水和泥巴，然后从侧边排出。喙里有带盐的薄板片，又称为薄片，就像微小过滤器一样，滤取可食用的小虾和其他水生动物。

火烈鸟不是严格的候鸟。只在食物短缺和环境突变的时候迁徙。迁徙一般在晚上进行，在白天时则以很高的飞行高度飞行，目的都在于避开猛禽类的袭击。迁徙中的火烈鸟每晚可以 50～60 千米的时速飞行 600 千米。火烈鸟喜群居，集群可绵延好几公里，远望一片浅红色，非常美观。它胆子很小，一有惊动就群飞起来，遮天蔽日。为了飞行，火烈鸟需要跑上几步才能凝聚速度飞行。飞行时，火烈鸟非常显著，长长的脖子往前延伸，而长长双脚则拖在其后。

每当春天交配繁殖时，雄火烈鸟在雌火烈鸟面前展翅起舞，引吭高歌，它性情驯顺，易于饲养。美国曾在迈阿密附近开辟了世界闻名的希阿里火烈鸟赛场，当大群火烈鸟在人山人海的场地表演展翅飞翔时，其美丽动人的景象真是难以形容。

火烈鸟可活上 20—30 年，也有可能活上 50 年。

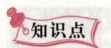
知识点

西印度群岛

西印度群岛是北美洲的岛群，位于大西洋及其属海墨西哥湾、加勒比海之间，北隔佛罗里达海峡与美国佛罗里达半岛相望，东南邻近委内瑞拉北岸，从西端的古巴岛到委内瑞拉北海岸的阿鲁巴岛，呈自西向东突出的弧形，伸延4700多千米，面积约24万平方千米。

▶▶▶ 延伸阅读

火烈鸟缘何一身火色

火烈鸟一身的火色，是怎么生成的？这主要是由火烈鸟摄取的食物决定的。

以肯尼亚的火烈鸟为例，肯尼亚裂谷区共有大小八个湖泊，其中六个是咸水湖。这些湖泊地处大裂谷的谷底，都是地壳剧烈变动形成的火山湖。火山喷发后飘散的熔岩灰，经雨水的冲刷流入湖中，而这些湖泊都没有出水口。这样，长年累月，造成湖水中盐碱质沉积。这种盐碱水质和赤道线上强烈的阳光，是藻类孳生的良好条件。这些湖泊，特别是纳库鲁湖和坦桑尼亚的纳特龙湖，都生长着一种暗绿色的螺旋藻。此种水藻正是火烈鸟赖以为生的主要食物。

适应以水藻为食的条件，火烈鸟生有一个极其别致的长喙。长喙上平下弯，尖端呈钩状。每到浅滩觅食，火烈鸟就将其头埋到水中，用其长喙在水中搅动。这样，水中的有机物，特别是那些藻类浮游生物，就飘浮到水面。火烈鸟趁机一股脑儿吞到口中。口中生有一种薄筛状的过滤板，能将螺旋藻从浑水中过滤出来，然后吞下肚去。火烈鸟是自然界唯一用这种过滤办法觅食的禽

鸟。一只火烈鸟每天大约吸食半斤螺旋藻。螺旋藻中除含有大量蛋白质外，还含有一种特殊的叶红素。火烈鸟浑身的粉红色，就是这种色素作用的结果。

白 鹭

白鹭属共有 13 种鸟类，其中有大白鹭、中白鹭、白鹭（小白鹭）和雪鹭四种体羽皆是全白，世通称白鹭。

大白鹭

基本特征

大白鹭体大羽长，体长约 90 厘米，是白鹭属中体形较大者，夏羽的成鸟全身乳白色；嘴巴黑色；头有短小羽冠；肩及肩间着生成丛的长蓑羽，一直向后伸展，通常超过尾羽尖端 10 多厘米，有时不超过；蓑羽羽干基部强硬，至羽端渐小，羽支纤细分散；冬羽的成鸟背无蓑羽，头无羽冠，虹膜淡黄色。

大白鹭

生活习性

此鹭栖息于海滨、水田、湖泊、红树林及其他湿地。常见与其他鹭类及鸬鹚等混在一起。大白鹭只在白天活动，步行时颈劲收缩成 S 形；飞时颈亦如此，脚向后伸直，超过尾部。繁殖时，眼圈的皮肤、眼先裸露部分和嘴黑色，嘴基绿黑色；胫裸露部分淡红灰色，脚和趾黑色。冬羽时期，嘴黄色，眼先裸

59

露部分黄绿色。

中白鹭

基本特征

中白鹭体长60~70厘米；全身白色，眼珠黄色，虹膜淡黄色，脚和趾黑色；繁殖羽背部和前颈下部有蓑状饰羽，头后有不甚明显的冠羽，嘴黑色。

中白鹭

生活习性

栖息和活动于河流、湖泊、水稻田、海边和水塘岸边浅水处。常单独、成对或成小群活动，有时亦与其他鹭混群．生性胆小，很远见人即飞。飞行时颈缩成"S"形，两脚直伸向后，超出于尾外，两翅鼓动缓慢，飞行从容不迫，且成直线飞行。主要以小鱼、虾、蛙、蝗虫、蝼蛄等动物为食。中白鹭在我国南方为夏候鸟，亦有部分留下越冬。

小白鹭

基本特征

小白鹭体态纤瘦，乳白色：夏羽的成鸟繁殖时枕部着生两条狭长而软的矛状羽，状若双辫；肩和胸着生蓑羽，冬羽时蓑羽常全部脱落，虹膜黄色；脸的裸露部分黄绿色，嘴黑色，嘴裂处及下嘴基部淡角黄色；胫与脚部黑色，趾呈黄绿色。通常简称为白鹭。

生活习性

小白鹭场栖息于稻田、沼泽、池塘间，以及海岸浅滩的红树林里。常曲缩一脚于腹下，仅以一脚独立。白天觅食，好食小鱼、蛙、虾及昆虫等。繁殖期3—7月。繁殖时成群，常和其他鹭类在一起，雌雄均参加营巢，次年常到旧巢处重新修葺使用。卵蓝绿色，壳面滑。雌雄共同抱卵。卵23天出雏。

雪鹭

基本特征

雪鹭是一种小型涉禽，身长55～65厘米，体重375克。全身洁白的羽毛，颈背有丝状蓑羽。有一双亭亭玉立黄色长腿和一个黑色的鸟喙。在繁殖季节，鼻孔和眼睛之间的区域会由黄色变成红色。

小白鹭

雪鹭

嘴长而尖直，翅大而长，雌雄同色。体形呈纺锤形，体羽疏松，具有丝状蓑羽，胸前有饰羽，头顶有的有冠羽，腿部被羽。

生活习性

栖息于江湖滨岸、沼泽地带、河岸，红树林，浅湖、潮间带泥滩、河口和草原。白昼或黄昏活动，

YIQI TANXUN NIAOLEI SHIJIE

以水中生物为食，包括鱼、虾、蛙及昆虫等常站在水边或浅水中，用嘴飞快地攫食。迁徙种类。在美国内地的大湖和南美洲沿海的沼泽地繁殖。它们在其领地筑巢，经常和其他水鸟杂处，在树上、灌丛上或地面上用枝条筑造浅巢。通常产 3~4 蓝绿色卵，雌雄共同孵卵。20—25 天雏鸟离巢。雏为晚成性。

 **知识点**

虹　膜

　　虹膜属于眼球中层，位于血管膜的最前部，在睫状体前方，有自动调节瞳孔的大小，调节进入眼内光线多少的作用。位于血管膜的最前部，虹膜中央有瞳孔。在马、牛瞳孔的边缘上有虹膜粒。

 **延伸阅读**

因白鹭而命名的公园

　　白鹭洲公园是厦门最大的全开放广场公园。白鹭洲公园分中央公园和西公园两部分，中央公园，面积 5.9 万平方米，1995 年开放，以游人回归自然的观赏要求为主题思想。白鹭女神雕塑立于园南游艇码头，雕像高 13.6 米，是厦门的标志性雕塑。雕像前的广场上有广场鸽，亲近游人，自然温馨。

　　西公园面积 10 万多平方米，1997 年香港回归时建成。内有回归石、生肖石柱、音乐喷泉广场和音乐露天广场。

　　白鹭洲公园有 400 只从荷兰引进的广场鸽，每天喂养两次，游人可在公园里与鸽同乐，也可自带米谷亲手喂养，与鸽子一道戏嬉，其乐无穷！白鹭洲公园的音乐喷泉也令人欣赏不已。夏夜在此纳凉的人们，每逢节日，可尽情欣赏喷泉美景。白鹭洲公园还是购物游乐中心，书画艺术中心，有书画院、美术馆、字画廊、水晶礼品、神龙木雕、百龄宠物盆景世界，琳琅满目。此外，还有保龄球馆、海鲜美食、足球俱乐部、夜总会等娱乐场所。

白鹭洲公园的音乐喷泉也令人欣赏不已。夏夜在此纳凉的人们，每逢节日，可尽情欣赏喷泉美景。

巨嘴鸟

基本特征

巨嘴鸟又名鵎鵼，属巨嘴鸟亚目的鸟类动物，有6属34种。体长约67厘米，嘴巨大，长17～24厘米，宽5～9厘米，形似嘴刀。嘴非常漂亮，上半部黄色，略呈淡绿色，下半部呈蔚蓝色，喙尖点缀着一点殷红。眼睛四周镶嵌着天蓝色羽毛眼圈，胸脯橙黄色，脊部为漆黑色。色彩艳丽和惊人的大喙使其观赏价值极高。主要以果实、种子、昆虫、鸟卵和雏鸡等为食。以树洞营巢。主要分布在南美洲热带森林中，尤以亚马孙河口一带为多。

巨嘴鸟

巨嘴鸟是鸟类中相貌最为奇特的一种。实际上，这种鸟属于鸟类中的一种畸形。巨嘴鸟首先引起你注意的当然是它的大嘴。这是一张比它脑袋体积还大的嘴！有些巨嘴鸟嘴的长度是它身长的三分之一。这张大嘴的形状就像一个大的龙虾鳌，上面还有浅色的印记。

你过去看到巨嘴鸟时，可能会奇怪这种鸟是怎么没让这张大嘴压翻而保持

巨嘴鸟硕的嘴

住身体平衡的。其实你不要被它的外形所迷惑，它的分量是很轻的。它那张大嘴的外壳厚度就像纸一样薄，里面只是蜂窝状的骨头。巨嘴鸟嘴的根部体积与它的头一样大，嘴的两侧有不规则的锯齿形，那就是它的牙齿。

巨嘴鸟的舌头也很特别，一边有凹口，舌头像皮子一样光滑。巨嘴鸟的另一个特点是它的尾巴与身体合为一体，看上去就像一个球和一个插座连在一起。巨嘴鸟可以抽动这些尾羽并能翘到背上。

生活习性

巨嘴鸟的食欲就像它的嘴一样巨大无比。它的生存环境训练得它几乎什么东西都吃。巨嘴鸟以森林为"家"，这种环境使它既吃水果，也吃鸟卵和初生的小鸟。巨嘴鸟在吃东西的时候，它那张大嘴会发出喳喳的响声，它还会发出尖利而且不好听的叫声。

偶尔，巨嘴鸟也会玩起"游戏"——可能与确立个体的支配地位有关，而这会影响日后的配对结偶。如两只鸟的喙"短兵相接"后，会紧扣在一起相互推搡，直到一方被迫后撤。然后会有另一只鸟过来将喙指向胜利者，而获胜的一方将继续接受下一只鸟的挑战。在另一种游戏中，一只巨嘴鸟抛出一枚果实，另一只鸟在空中接住，然后以类似的方式掷给第三只鸟，后者可能会继续抛向下一只鸟。

巨嘴鸟喜好少量同伴的群居，它们主要分布在中美洲和南美洲的热带森林深处。人类对它们的历史了解很有限，但知道它们是在空树干里筑巢。关在笼子中的巨嘴鸟也很容易饲养和繁衍。

大型的巨嘴鸟类，即巨嘴鸟属的七个种类，主要栖息于低地雨林中，有时会出现在邻近有稀疏树木的空旷地上。在海拔 1700 米以上的地方很少看到它们的身影。它们的喙呈明显的锯齿状，成鸟的鼻孔隐于喙基下面。体羽主要为黑色或栗黑。大部分鸣声嘶哑低沉，但黑嘴巨嘴鸟的鸣啭（"迪欧嘶，啼—哒，啼—哒"）在远处听起来相当悦耳动听，红嘴巨嘴鸟的鸣声（"迪欧嘶—啼—哒—哒"）也是如此。它们会反复鸣叫这样的音符。

多数大型的巨嘴鸟种类将巢营于树干上因腐朽而成的洞中，并且若营巢繁殖成功则会年复一年地使用。不过，由于这样的树洞并非随处可得，故有可能会限制繁殖的配偶数量。一般而言，巨嘴鸟钟爱的洞为木质良好、开口宽度刚好使成鸟钻入，洞深0.17～2米。当然，树干根部附近若有合适的洞穴，也会吸引通

巨嘴鸟

常营巢于高处的种类将巢营于近地面处。如巨嘴鸟会营巢于地上的白蚁穴或泥岸中。小型的巨嘴鸟种类通常占用啄木鸟的旧巢，有时甚至会驱逐现有的主人。大型的扁嘴山巨嘴鸟会经常侵占巨嘴拟䴕的巢——如果后者在树上的巢对前者而言足够大。一些绿巨嘴鸟种类会在朽树上凿洞穴，而小巨嘴鸟种类、山巨嘴鸟种类以及橘黄巨嘴鸟通常先选择洞穴，然后在此基础上做进一步的挖掘工作。事实上，在许多巨嘴鸟种类中，某种程度的凿穴是它们繁殖行为的重要组成部分。巢内无衬材，一窝产1～5枚卵产于木屑上或由回吐的种籽组成的粗糙层面上——随着营巢的进展，这一层会越积越厚。

种类

巨嘴鸟是一个生活在美洲赤道附近的大家族，种类有37种之多。最大的巨嘴鸟体长达0.6米。

簇舌巨嘴鸟

簇舌巨嘴鸟属的十个种类较巨嘴鸟属的种类体形小而细长，尾更长。它们

也栖息于暖林及边缘地带，很少出现在海拔 1500 米以上的地方。上体黑色或墨绿色，腰部深红色，头部通常为黑色和栗色；下体以黄色为主，大部分种类有一处或多处黑色或红色斑纹，有时会形成一块大的胸斑。它们的长喙呈现出多种色调搭配，包括黑色与黄色、黑色与象牙色，栗色与象牙色、橙色、红色等。喙缘一般成明显的锯齿状，外表为黑色或象牙色，看上去有几分像牙齿。曲冠簇舌巨嘴鸟头顶有独特的冠羽，宽而粗，富有光泽，犹如是金属屑条上了釉后盘绕起来。簇舌巨嘴鸟的鸣声通常为一连串尖锐刺耳的声音，或者如摩托车发出的那种咔嗒咔嗒声；少数种类则没有类似的机械声响，而是为哀号声。至少有部分簇舌巨嘴鸟种类全年栖息于洞穴中，迄今为止这在其他巨嘴鸟种类中不曾发现——尽管其他的巨嘴鸟在鸟类饲养场里也会栖于洞中。

绿巨嘴

　　绿巨嘴鸟属的六个种类为中小型鸟，体羽以绿色为主。鸣声通常为一连串冗长而不入调的喉音，类似蛙叫和狗吠，以及干涩的咔嗒咔嗒声。它们大部分居于海拔 1000～3600 米的冷山林中，也有少数种类部分栖息于低地暖林。秘鲁中部的黄额巨嘴鸟为濒危物种。

　　六种小巨嘴鸟生活于洪都拉斯至阿根廷北部的低地雨林中，极少出现在海拔 1500 米以上。与其他巨嘴鸟相比，它们的群居性不强，而体羽更多变。所有种类都有红色的尾下覆羽和黄色或金色的耳羽。它们和几种簇舌巨嘴鸟是巨嘴鸟中为数不多的两性差异明显的种类；雏鸟长到四周大就可以通过体羽来辨别性别。茶须小巨嘴鸟的喙为红棕色和绿色，带有天蓝色和象牙色斑纹。而南美东南部的橘黄巨嘴鸟体羽主要呈绿色和金色至黄色，带有些许红色。这种鸟是橘黄巨啃鸟属的唯一种类，似乎与簇舌巨嘴鸟有一定的亲缘关系。它通常见于海拔 400～1000 米的地区，有时被视为果园害鸟。

四种大型的山巨嘴鸟

　　四种大型的山巨嘴鸟相对鲜为人知。如它们的属名"冠山巨咀鸟"所暗示的，这些鸟生活在委内瑞拉西北至玻利维亚的安第斯山脉中。它们的分布范围从亚热带地区一直延伸至温带高海拔地区，甚至接近 3650 米的林木线。黑嘴山巨嘴鸟可谓是色彩斑斓的典型代表：下体浅蓝色（在巨嘴鸟中所罕见），头顶黑色，喉部白色，背和翅以黄褐色为主，腰部为黄色，尾下覆羽为深红色，以及腿和尾尖为栗色。雌雄鸟在鸣叫时会先低下头、翘起尾，然后扬起头低下尾发出鸣啭（这一过程与小巨嘴鸟极为相似），同时会伴以咬喙声。其中最为人熟知的是扁嘴山巨嘴鸟，它们红黑色喙的上侧有一块凸起的淡黄色斑。这种鸟是山巨嘴鸟中两个受胁种类之一，原因是安第斯山脉西坡的森林遭到大量砍伐。因种植农业经济作物、经营农场及采矿导致的森林破坏也许很快将威胁到大部分巨嘴鸟的生存——因为它们的栖息地将被人类占用。

知识点

亚马孙河

亚马孙河位于南美洲，是世界流量、流域最大的、支流最多的河流，长度位居世界第二。亚马孙河流量达每秒 219 000 立方米，流量比其他三条大河尼罗河、长江、密西西比河的总和还要大几倍，大约相当于 7 条长江的流量，占世界河流流量的 20%；流域面积达 6 915 000 平方千米，占南美州面积的 40%；支流数超过 1.5 万条。

延伸阅读

巨嘴鸟的喙

巨嘴鸟的喙实际上很轻，远没有看上去那样重。外面是一层薄薄的角质鞘，里面中空，只是有不少细的骨质支撑杆交错排列着；虽然有这种内部加固成分，巨嘴鸟的喙还是很脆弱，有时会破碎。不过，有些个体在喙的一部分明显缺失后照样还可以生存很长时间。巨嘴鸟的舌很长，喙缘呈明显的锯齿状，喙基周围无口须。脸和下颚裸露部分的皮肤通常着色鲜艳。有几种眼睛颜色浅

的种类在（黑色）瞳孔前后有深色的阴影，使它们的眼睛看起来呈一道横向的狭缝。

　　数个世纪以来鸟类科学家一直在研究巨嘴鸟这种如此夸张的喙究竟做何用途。它使这些相当笨重的鸟在栖于树枝较粗的树冠内时能够采撷到外层细枝（不能承受它们的重量）上的浆果和种籽。它们用喙尖攫住食物，然后往上一甩，头扬起，食物落入喉中。这一行为可解释喙的长度，但没能解释其厚度和艳丽的着色。巨嘴鸟以食果实为主，饮食中也包括昆虫和某些脊椎动物。一些巨嘴鸟会很活跃地（有时成对或成群）捕食蜥蜴、蛇、鸟的卵和雏鸟等。有些巨嘴鸟会跟随密密麻林的蚂蚁大军捕捉被蚂蚁惊扰的节肢动物和脊椎动物。打劫鸟巢时，巨嘴鸟五彩斑斓的巨喙常常使受害的亲鸟吓得一动都不敢动，根本不敢发起攻击。只有在巨嘴鸟起飞后，恼怒的亲鸟才会进行反击，甚至会踩在飞行的巨嘴鸟的背上，但在后者着陆前会谨慎地选择撤退。巨嘴鸟的喙同样使它们在觅食的树上对其他食果鸟处于支配地位。此外，也可以帮助不同的巨嘴鸟种类相互识别。如在中美洲的森林里，黑嘴巨嘴鸟和厚嘴巨嘴鸟的体羽如出一辙，只有通过喙（和鸣声）才能区分。其中厚嘴巨嘴鸟的喙呈现出几乎所有的彩虹色（七色中仅缺一种）——从这个意义上而言它的另一个名字彩虹嘴巨嘴鸟也许更贴切。而它的亲缘种黑嘴巨嘴鸟的喙主要为栗色，同时在上颌有不少黄色。巨嘴鸟的喙还可用以求偶，因为雄鸟的喙相对更细长，犹如一把半月形刀，而雌鸟的喙显得短而宽。

猛　禽

　　猛禽是鸟类王国中一个重要的类群，除南极洲外均有分布。从人类的角度来看它们都是益鸟，均在食物链中占据次级以上的位置，是典型的消费者。猛禽中的许多正面临着灭绝的危险，有31种猛禽被列入世界濒危物种红皮书，而我国更是将隼形目和鸮形目中的所有种全部列为国家级保护动物。

　　一般地说猛禽类有两大类，一类是隼形类，如老鹰、秃鹫等，另一类是鸮形类，如猫头鹰等。全世界现生猛禽432种，其中隼形类有298种，鸮形类有134种。猛禽是食肉类鸟类，一部分食腐。猛禽都有向下弯曲的钩形嘴，十分锐利，也有非常强健的足，除鹫类外大都有非常锋利的爪，它们有良好的视力，可以在很高或很远的地方发现地面上或水中的食物。

金　雕

基本特征

　　金雕是雕类中体形最大的一种。雌鸟体长大约一米。雌雄同色，头顶黑褐色，后头至后颈羽毛尖长，呈柳叶状，羽基暗赤褐色，羽端金黄色，具黑褐色

金 雕

羽干纹。上体暗褐色，肩部较淡，背肩部微缀紫色光泽；尾上覆羽淡褐色，尖端近黑褐色，尾羽灰褐色，具不规则的暗灰褐色横斑或斑纹，和一宽阔的黑褐色端斑；翅上覆羽暗赤褐色，羽端较淡，为淡赤褐色，初级飞羽黑褐色，内侧初级飞羽内翈基部灰白色，缀杂乱的黑褐色横斑或斑纹；次级飞羽暗褐色，基部具灰白色斑纹，耳羽黑褐色。下体颏、喉和前颈黑褐色，羽基白色；胸、腹亦为黑褐色，羽轴纹较淡，覆腿羽、尾下覆羽和翅下覆羽及腋羽均为暗褐色，覆腿羽具赤色纵纹。金雕的羽毛可以制扇，西方女人喜欢用来做帽饰。

说它们展开双翅时可以"蔽天日"是毫不夸张的。天生如此庞大的体积使金雕即便不发起攻击也给人一种强烈的压迫感。当然，要牢牢坐稳"空中霸主"的位置是不能单凭体积优势的，金雕拥有自己一系列独特的秘密武器。

金雕虽然威风凛凛，但它们并不是金色的雕。其实它的头顶、后颈、肩上的羽毛是以黑、灰、褐为主，并非金色，那么为什么会被人们称作"金"雕呢？这里提到的金色，是指其头和颈后羽毛在阳光照耀下，会反射出的美丽金属光泽。

生活习性

金雕生活在山区，常栖于高山顶上的岩石上，是一种凶猛的鸟类。它飞翔速度非常快，常沿直线或圆圈状翱翔于高空，瞄准地面的猎物，常捕食羊、鹿、狍、兔、狼等大型兽类，也捕捉雉鸡、鼠类等小型鸟兽。经过训练的金雕，可以在草原上长距离地追逐狼，等狼疲惫不堪时，一爪抓住其脖子，一爪抓住狼的眼睛，使狼丧失反抗能力，曾有一只金雕先后抓了14只狼。

金雕主要生活在高山草原和针叶林地区，喜栖高山岩石峭壁之巅，在青藏高原甚至可在海拔 4000 米以上见到它们的踪影。金雕性猛力强，飞行也十分迅速，常沿直线或圈状滑翔于高空。金雕可捕食大型鸟类和兽类，如：松鸡、天鹅、雁、山羊、鹿、旱獭等。正是看中了金雕的大而凶猛，在元朝（1215—1294），强悍的蒙古猎人盛行驯养金雕捕狼。

金 雕

蒙古人民饲养金雕幼雏，驯化后听从主人的指挥，经过精心训练的金雕可在草原上长距离地追逐猎物。但是相比之下金雕的运载能力就略差些，负重能力还不到 1000 克。所以倘若它们捕到了大型猎物，唯一的方法是将猎物肢解，先享用好肉和心、肝、肺等内脏部分，再把余下的分成若干份，分批带回巢穴。

金雕的眼睛

金雕还有一个制胜的法宝——眼睛。它们的眼睛很大，强劲灵活的睫状肌能够迅速地变换水晶体的形状，在短时间里准确调节远、近视力。所以金雕既是远视眼，可以从万米高空观察地面情况，又是近视眼，把握住每一次接近猎物的机会。

一对金雕所必需的取食范围相当大，常常有十几平方千米乃至几十平方千米（依当地食物资源丰富度而变化）。同时由于处在食物链中的顶端，金雕还是表现生态系统健康的指示物种，对于维持生态平衡有着重要的积极作用。

金雕能获取大型猎物，不光是因为其凶猛，更令人佩服的是它们懂得不能

逞匹夫之勇，有时需要智取。在一望无际的草原上，金雕发现狼以后，就俯冲着向狼扑去，狼看到金雕的钩喙和利爪，吓得拼命狂奔。金雕在空中追赶，但它并不马上下手，而是长距离追逐。追着追着，狼跑累了，越跑越慢，最后实在跑不动了，一头钻进草丛中，口吐白沫，直喘粗气。金雕扑下来，一只爪子抓住狼的脖子，另一只爪子对准狼的眼睛乱抓，把狼的眼睛抓瞎，使狼彻底失去反抗能力。马可·波罗在游历蒙古草原时，曾亲眼见到当地牧人放出金雕追逐狼群。

金雕筑巢于峭壁之上，它以凶猛刚强的性情和完美至极的飞行技巧向世人宣告自己是天空的霸主。每逢繁殖期，金雕只能孵出两只幼雏。在食物紧缺的时段，小金雕就会互相排挤，用尽全力将对方挤出巢穴，而结果总是有一只弱小者被挤下山崖摔死。但目睹这一切的金雕妈妈是完全能容忍这种"本能"的：在面对痛苦时需要学会舍弃，以此方式来筛选出更有利于家族繁衍的后代。舍弃一个孩子固然很痛苦，但事实是绝对不可能两个都保住啊！所以舍弃等于理智，这就是大自然的规律。舍弃是生存的一种方式，舍弃是勇敢者的行为。应该勇敢地面对，该舍弃时就舍弃。成功者是那些善于取舍的人。

金雕的戒备心很强，对入侵者更是以利爪相击。因此，研究金雕巢是一项极具冒险的活动。但一位瑞典女鸟类学家却非常成功地完成了这项研究，近距离地观察了金雕生活的细节。她发现金雕并非想象中那么难以相处。其他的雌雕孵卵，护巢性甚为强烈。如果有人进入巢区不管是否有恶念，它都会猛烈地进行攻击，如果不被杀死，很难取走它的卵或者雏鸟。但金雕却会区别对待。

金雕是善恶分明的，对有善意的人绝没有攻击之意。小金雕随着时间的流逝一天天长大。一次，趁父母出去觅食时，一只顽皮的小金雕走出巢来，一不小心跌落到悬崖边。女鸟类学家不假思索急忙前去搭救，捕食归来的金雕见状尾随而来。也许是由于女鸟类学家怀中抱着它们的"爱子"，这次金雕并没有发起攻击，只是静静地跟在她身后，等她把小金雕放入巢中，金雕才迫不及待地回到巢里。

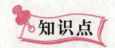

旱 獭

旱獭又名土拨鼠，草地獭，属哺乳纲，啮齿目，松鼠科，旱獭属，又叫哈拉、雪猪、曲娃（藏语）。它是松鼠科中体形最大的一种，是陆生和穴居的草食性、冬眠性野生动物。旱獭体形肥大，体长50厘米，颈部粗短，耳壳短小。

旱獭四肢短粗，尾短而扁平。体背棕黄色，广泛栖息于北美大草原，山麓平原和山地阳坡下缘为其高密度集聚区，过家族生活，个体接触密切。洞穴有主洞（越冬）、副洞（夏用）、避敌洞。主洞构造复杂，深而多口。有冬眠性，出蛰后昼间活动。以禾本科、莎草科及豆科根、茎、叶为食，亦食小动物。出蛰后交配，年产1胎，每胎产2~9只，3岁性成熟。喜马拉雅旱獭为青藏高原特有种，青海省内除海西州均有分布。

金雕奇闻

1. 金雕也上学

金雕其实离我们也并不遥远，它们最近频繁地出现在城市之中，渴望与人共处。

据《华西都市报》报道，最近在宜宾职业技术学院草坪内，飞来了一只奇怪的大鸟，该院师生合力将其捉住后，送交当地林业局野生动物保护部门。经野保专家鉴定，该大鸟就是被称为"空中霸主"的国家一级保护野生动物金雕。该金雕重约3千克，羽毛呈黄棕色，长着一个又长又厚的钩喙和一双锋利粗壮的脚爪，两眼炯炯有神，见到生人一点都不害怕。

据野保人士称，这是继前一年5月在长宁县梅硐镇发现绝迹近50年的国家一级保护野生动物云豹后，当地发现的又一例国家一级保护野生动物。由于当地还不具备放生条件，野保部门决定将金雕暂时喂养在宜宾翠屏山动物园内。动物园长也保证，将为金雕精心准备适合的健康食谱。

2. 以德报怨

南昌市新建县岭北涂家村16岁的涂晶身着红衣，去鸭棚替换父亲涂海平回家吃饭。途中，一只大鸟突然从天而降，利爪紧紧抓住涂晶后背将其"按倒"在地，惊恐的涂晶抱头哭叫，涂海平听见女儿叫喊声，急忙赶来，费尽周折，将鸟抓住。围观的少数人嚷着要"杀掉去，吃一餐"。但颇有动物保护意识的涂海平却并不赞成。她专程来到南昌，将大鸟送给相关部门保护。经过南昌市野生动物保护站鉴定，此鸟为金雕，国家一级保护动物。专家还为一事所困惑：生活在北方的金雕为何会出现在长江以南的江西。这至今仍是个谜。

3. 向雕王"进贡"

据《重庆晚报》2005年春报道：在重庆城口月亮岩悬崖的顶端就住着两只金雕，雕巢位于悬崖中间一个凹陷的平台上。平台大约3米宽，3米高，上面铺满了干树枝，平台外面，有一大片白花花的粪便。据当地人说，雕王平时非常爱干净，是不会在窝边拉屎的，可能因为刚刚孵化出了"小雕"，才形成这些粪便。

村民们还说金雕非常聪明，有时候他们在山上放羊，金雕就在头顶盘旋，趁人不备之时，一个俯冲便将一只5千克多重的山羊叼走。但村民们却从未因此气恼过，当作给雕王"进贡"，唱支山歌又继续放羊。村民认为家禽家畜被金雕叼走，会带来好运，所以对金雕很是爱护。去山里打猎时，也从没有人敢伤害金雕——猎人间流传着一种"约定"：打天上猛禽就是打鹰（打阴），会带来厄运。

金雕是国家一级保护动物，虽然在全国各地分布较广，但数量稀少，已濒临灭绝。城市近年出现这么多的金雕，和村民的爱护，以及生态环境得到改善有关。如何为这一空中顶级猛禽保留一片属于它自己的天然生存空间，是我们在对待自然、维护生物多样性天然平衡状态过程中需要理智思考的问题。

4. 担任机场保安

2008年伊始，意大利的巴里机场即将启用一名特别的"保安"，它是一只身形巨大的金雕，而它的职责就是不让附近的狐狸和野兔靠近飞机跑道。

　　长期以来，曾驾机光临过巴里机场的飞行员，一直抱怨那里的狐狸和野兔在跑道上频繁出现，导致飞机在起降过程中面临较大的安全隐患，其中有几次该机场甚至因此而被迫暂时关闭。巴里机场每年客流量接近 200 万人次，关闭跑道所造成的经济损失堪称巨大。

　　机场方面曾使用过很多传统方法驱赶这些小动物，如设置栅栏和喷洒驱虫剂等，但都收效甚微。其实，这一问题同样令世界各国的机场一筹莫展，比如美国的机场一般采用超声波、毒药及捕兽器等办法来对付那些"不速之客"，但像巴里机场这样让一只体形硕大的猛禽来完成此项任务，在全世界尚属首次。

　　巴里机场启用的这位"保安"是一只名叫夏延（Cheyenne）的金雕，有些机场管理人员认为，用金雕来驱赶动物实在过于"奢侈"了，因为目前这样一只鹰科动物的价格高达 7500 英镑。

　　夏延的翼展达到了令人惊诧的约 2.3 米，它是目前欧洲范围内仅有的一只负责驱赶有害动物的老鹰。这只在德国长大且至今仅有 6 个月大的猛禽，可以抓起重达 182 千克的物体，相当于其自身体重的 30 倍。

　　它目前已经完全控制住了机场及周边的森林地带，而那些惊恐万状的狐狸眼下只好老老实实躲在树丛中了。巴里机场的负责人希望夏延能进一步提高自己的威慑力，将那些动物彻底挡在机场四周的栅栏外，特别是在它们几个月后开始产仔时。

白头雕

基本特征

　　白头海雕分布于北美洲从阿拉斯加到佛罗里达的广大地区，包括加拿大大部分的版图、整个美国大陆以及墨西哥的北部，也是唯一一种原产于北美的雕。白头海雕平均寿命约为 15—20 年，野生的白头海雕寿命最长可达 30 年。

白头雕

白头海雕实行终身配偶制。

白头海雕嘴弯曲而尖锐，四趾有钩爪，目光敏锐，身长达 71～96 厘米，翼展为 168～244 厘米，重量为 3～6.3 千克，雌性体积比雄性大 25% 左右。成鸟有 1 米长，喙、眼镜和脚呈黄色，尾部颇长，形状像楔子。全身的羽毛大都是深棕色，但头部为白色，并且一直覆盖到颈部，闪闪发光，同身上的羽色形成鲜明的对比。

白头海雕，又叫白头鹰、美国雕等，是一种外形美丽、性情凶猛的大型猛禽，也是美国国徽军徽和钱币上的图案。

生活习性

白头海雕常栖息于海岸、河流、大湖泊附近，以大马哈鱼、鳟鱼等大型鱼类和野鸭、海鸥等水鸟以及生活在水边的小型哺乳动物等为食。它飞行能力很强，在抓着猎物飞行的时速为 48.2 千米，滑翔时的飞行时速则可达 56.3～70.8 千米。

视觉是白头海雕最重要的一种感官。鸟类的色觉是所有动物中最好的，而白头海雕视觉的清晰度，或者叫明晰度，更是超乎寻常，甚至比它的色觉还要好。雕视觉要比人类清楚三倍，所以我们常把那些

美国国徽

目光敏锐的人称为"锐利如鹰"。白头海雕良好的视觉使它们能够更容易看见猎物的藏身处。有些东西在我们看来不过是一团米色的皮毛，而一只白头海雕

却能清清楚楚地辨出那是五只颜色各异的松鼠。

白头海雕卓越的视觉部分地要归功于它那双大的眼睛。白头雕的眼睛太大了，眼部肌肉几乎没有多少可以活动的空间，因此它的眼睛没有转来转去。为了弥补这个缺憾，雕长了许多颈骨，颈部因而可以灵活地活动。雕能将头部转动270°，也就是$\frac{3}{4}$个圆！像许多别的鸟类一样，白头海雕的双眼各长了一层特殊的眼睑，叫作瞬膜。这层眼睑能使眼睛保持湿润，能替眼睛受刺激。

白头海雕眉骨突起，使它们外表看来很是凶猛。这种突起和瞬膜一样，可以在烈日下遮护雕眼，还能为雕眼挡风蔽尘。白头海雕在树上栖息时，碰断的树枝树条也许会弹起来，这样突起的眉骨就能起到保护雕眼的作用。此外，凸起的眉骨还能使雕眼免受挣扎中猎物的伤害。

白头海雕的足非常强壮，可以用来捕杀猎物。它们的足底粗糙得像砂纸，这有助于让它们抓紧那些身体滑腻的猎物，例如鱼或蛇。相对于它们身体的大小而言，白头海雕的足也真是够大了，竟有15厘米之长！

白头海雕有四个足趾，三个在前，一个在后。足趾顶端长有长而弯曲的爪。这些爪尖利如刀，是白头海雕最厉害的武器，它们甚至比这种肉食鸟那钩状的喙还要锐利。其中最有力的是后足趾和后爪。当白头海雕捕获猎物时，它的后爪会深深地插入牺牲品的体内，刺穿要害器官，如心脏或肺部。白头海雕的后爪弧长可达7~8厘米。

就像别的鸟类一样，白头海雕是没有牙齿的。它们必须把食物一块一块吞下去，用钩状的大喙将猎物撕成一口一口的碎块。即使雕爪未能彻底杀死猎物，那么来自雕喙的一记猛啄也足够结果它的性命了。

白头海雕有一副轻薄而中空的骨架，空隙中充满空气。雕骨中有许多是凝聚或连结在一起的，这就使得它们格外结实。这种骨架在它们飞翔的时候能够很好地托举它们。雕的骨架重量还不及其羽毛重量的一半。

覆盖于鸟身羽毛叫作羽衣，白头海雕有一身独特的羽衣。对一种靠飞翔生存的动物来说，让羽毛良好的状态是至关重要的。白头海雕每天都要花费大量的时间清洗保养自己的羽毛。

白头海雕尾部长有一个特殊的腺体，这个腺体在受压时会分泌出油状液体，雕把这种液体涂在羽毛上，这种油液能帮助羽毛防水并保持羽毛的整齐。鸟一旦梳洗羽毛，就会使劲儿摇摆身体，抖落松动的羽毛，油状液体也会令其他的羽毛各归其位。一只健康的成年白头海雕有7000多支羽毛，彻底整理一次要花很长时间。

同其他大多数猛禽一样，白头海雕是日间捕食性鸟类，常成对出猎，凭其异常敏锐的视力，即使在高空飞翔，亦能洞察地面、水中和树上的一切猎物。不仅如此，白头海雕还拦路抢劫其他鸟类的食物。

它们常在河边或海岸较老的松柏、硬木树上栖息和筑巢，还喜欢利用旧巢，并且在繁殖期间不断地进行修补，使巢变得越来越庞大，有些巢最终直径可达2.75米，重2吨。白头海雕一般在11月上旬开始产卵，每次产卵2枚，与其他鸟类的孵化和产卵不同，雌鸟在产下第一枚卵后就开始孵化，在孵化初期再产第二枚卵，这样雏鸟出壳的日期先后相差几天，因此先出壳的雏鸟往往比后出壳雏鸟大许多。有时两只小雕都能够存活，但大多数情况下，较大的雏雕会将较弱的一只杀掉。雏鸟出壳后一般要经过4个月才能长成幼鸟。幼鸟全身羽毛都是栗褐色，头部和尾部都没有白色的羽毛。

随着年龄的增长，小白头海雕头部和尾部的羽毛逐渐变白。一般幼鸟需要7年才完全成熟，那时头尾才变得跟父母完全一样。白头海雕体大，吃得也多。一只小雕，每天吃肉多达3千克以上。小雕在3个月后就可以离开雕巢，并开始自己捕食。

知识点

国　徽

国徽即代表国家的徽章、纹章，为国家象征之一，也是民族的象征。只有特定的国家重要文件才能盖上国徽大印，正式生效。国徽上通常有来自大自然的元素，如动植物，但也可能有其他事物，用以表现该国的风土人情、历史文化或意识形态。世上大多数国家的国徽属于盾徽。

延伸阅读

各国旗帜上的鹰

因为鹰十分凶猛，飞行起来非常壮观，自古以来被许多部落和国家作为勇猛、权力、自由和独立的象征。

1. 中国古代龙的形象也是采用了鹰的脚爪。

2. 古代埃及和希腊传说中守护宝藏的怪物"格里芬"也是鹰头狮身的形象。

狮鹰，古希腊神话传说中的鹰头狮身有翼神兽。身大于八头雄狮，高度超百只老鹰，长耳、豹嘴，脚上有大如牛角的利爪。它的眼睛就像是活生生的火焰，宝石红、烈焰黄、冰晶蓝，这都可能是那双锐目闪动的炫彩。它是属于大自然非凡魔法造就的生灵。

它是恶魔与基督的双重化身。"基督是一只狮子，因为他有着统御的才能和巨大的力量；基督也是一只老鹰，因为他在复活后可以升入天堂。"（《语源学》）

它为复仇女神涅墨西斯拉车，战神阿瑞斯的头盔上以它为标志。最高神宙斯、太阳神阿波罗的车驾也由它牵拉。它亦是冥神的冥界三巨头之一，值守这分界。它匡扶正义、惩治恃强凌弱、怙恶不悛之徒，它是正义、勇敢、警觉、神圣的象征。

它集守护者之所有高尚品质于一身，故此令人无限信赖。它那灵敏的耳朵意味着警觉；健壮的翅膀给它一速度，能够使它动作迅猛异常。眼神象征着勇敢和无畏，钩子状的鸟喙更是妙不可言。因为尖嘴巴透着一种狡黠，倍显其老谋深算，令人难以捉摸。它是勇敢与尊贵的象征，它是百兽之首陆地之王狮和万禽之首天空之王鹫这两种高贵生物的结合体。

现在仍然有很多国家的国旗或国徽中都应用了鹰的图案。菲律宾的国鸟食猿雕是目前世界已知的体形最大的鹰。

美国国徽上的鸟是一种美洲特产的食鱼鹰——白头海雕，白头海雕也是美国的国鸟。墨西哥的国旗和国徽中有一只落在仙人掌上的食蛇鹰，是从古代阿兹特克印第安人的传说演变的，据说当年阿兹特克人迁徙，根据神示要在有一只鹰抓住蛇落在仙人掌上的地方落脚，他们最终发现的这个地方就是墨西哥城。

阿尔巴尼亚的国旗与国徽和俄罗斯、原南斯拉夫的国徽都是一只双头鹰图案，是从东罗马帝国流传下来的。当年君士坦丁大帝修建君士坦丁堡时，就为了要同时照顾到罗马帝国的欧洲和亚洲东西两部分，使其扼守要冲，因此选用双头鹰标志。阿尔巴尼亚由于其国旗被称为"山鹰之国"。

摩尔多瓦的国旗和国徽也有鹰的图案。埃及的国旗和国徽是萨拉丁之鹰的形象。此外在国徽中应用了鹰的图案的国家还有罗马尼亚、伊拉克、叙利亚、也门、德国、奥地利、波兰、阿拉伯联合酋长国、捷克、利比亚、厄瓜多尔、哥伦比亚、巴拿马、南非等许多国家。

吼海雕

基本特征

吼海雕，又叫非洲海雕，是一种大型的鸟类，雌性比雄性大。雄性的翼展一般长约2米，而雌性的翼展一般长逾2.5米。吼海雕的外形独特，全身大多呈棕色，强有力的翅膀呈黑色。它们的头部、胸部和尾部呈雪白色，喙呈黄色，尖端有一黑斑驳。吼海雕生活在淡水湖、蓄水池和河流附近，有时也会出现在河口附

吼海雕

近，因其原产地为非洲而得名，分布在撒哈拉沙漠以南的大部分非洲大陆版图上，是鹰科的一种。

吼海雕与极危海雕马达加斯加海雕同属一个复合种，跟所有的海雕复合种一样，这个复合种由白头的物种吼海雕和黑头的物种马达加斯加海雕组成，两者的尾部都呈白色，甚至是幼鸟也不例外。

生活习性

栖息时吼海雕喜欢直挺在枝头，凭借它们显眼的外表和挺拔的身姿，吼海雕因而常成为旅游观光者瞩目的焦点。吼海雕的配偶是终生的，当其中一方配偶死后另一方不会再寻觅新的对象，因此吼海雕又被当作是感情忠贞的象征。

吼海雕主要以鱼类为食。当它们在树上看到鱼后，就会突然俯冲向下，在水面伸出爪子，把鱼抓牢，再拉出水面，带回自己正在栖息的树上进食。吼海雕不能捕捉过重的大鱼，如果一只吼海雕想抓一条重于1.8千克的鱼的话，它们就只能用自己的一双翅膀充当桨往岸边游。吼海雕也吃水鸟、小龟、幼鳄鱼和腐肉等。

吼海雕

非洲海雕的繁殖季节在旱季，当所有地方的水位都降到很低时，吼海雕开始在大树上筑巢，为繁殖做准备。吼海雕的巢穴由树皮及其他木料组成，与白头海雕相似，吼海雕的巢也会被不断利用，扩建和反复使用，所以吼海雕的巢也经常很大，有些甚至可达2米宽1.2米深。

雌性吼海雕每次会生下1～3颗蛋，这些蛋一般为白色，上带一点儿红色斑点。孵蛋工作大部分是由雌性做的，但当雌性出外捕猎时，雄性亦会协助孵蛋。一般而言，孵蛋的工作为期约42—45天。幼鸟并不一定会同时孵出，通常第一只孵出到最后一只孵出的时间会相隔数天。与大多数吼海雕相同，当食

物资源严重短缺时，先出生的幼鸟会把后出生的幼鸟杀死。约 8 个星期，幼鸟就能自行觅食，大概 70—75 天。幼鸟羽毛生长完全。

撒哈拉沙漠

撒哈拉沙漠约形成于 250 万年前，乃世界第二大荒漠，仅次于南极洲，是世界最大的沙质荒漠。撒哈拉沙漠几乎占满非洲北部全部。东西约长4800 千米，南北在 1300～1900 千米之间，总面积约 9 065 000 平方千米。撒哈拉沙漠西濒大西洋，北临阿特拉斯山脉和地中海，东为红海，南为萨赫勒一个半沙漠干草原的过渡区。

撒哈拉沙漠将非洲大陆分割成两部分，北非和南部黑非洲，这两部分的气候和文化截然不同，撒哈拉沙漠南部边界是半干旱的热带稀树草原，阿拉伯语称为"萨赫勒"，再往南就是雨水充沛，植物繁茂的南部非洲，阿拉伯语称为"苏丹"，意思是黑非洲。

延伸阅读

热带大雕——哈佩雕

哈佩雕是两种热带大雕中的一种。它的名字来自古代的希腊神话。哈佩是神话中有女人身又有锋利鹰爪的妖怪，她非常残暴地行使神的惩罚工具。由此可见在人们的心目中哈佩雕凶残的程度。

哈佩大雕（哈佩雕的一个亚种）分布在从墨西哥南部到巴西的区域。体长有 1 米。头上有黑色羽毛的鸟冠。上体呈黑色，腹部呈白色，胸部有黑色的条纹。到 20 世纪后期，哈佩大雕的数量已经非常稀少，特别是在墨西哥和中美洲，很难看到它们的影子了。新几内亚哈佩雕体长约 75 厘米。羽毛呈灰褐色，尾巴较长，鸟冠短而丰满。

哈佩雕雌雄体的混合平均体重达到 8.20 千克（雌鸟的平均体重接近 10 千克）。有人曾经在墨西哥的丛林中捕获过一只超过 13 千克的巨型哈佩雕。它身大力大，形态优美，视力敏锐，飞行力强。嘴和脚都强壮而有力量。一般说来，雕捕食的时候比鹰更凶狠。它的体形和飞行的姿势很像秃鹫，但头上长有冠毛，脚上有强而有力的弯爪。

此外，另一个显著的区别中，雕以捕食活的生物为生，秃鹫以吃腐肉为主。由于身大体重在空中追逐食物不便，所以它们喜欢袭击地面上的目标。雕捕捉动物的时候，像猫头鹰一样，往往先把它们的头咬下来。由于它的强健，在西方，雕是力量和权势的代表，从巴比伦王国的时代开始，它就是战争和帝国的象征。

食猿雕

基本特征

食猿雕，又名菲律宾鹰，是世界上体型最大、数量最稀少的雕类之一，属于大型雕类，被人们赞为世界上"最高贵的飞翔者"，有"雕中之虎"的美誉。食猿雕体态强健，相貌凶狠，体长 1 米，重 9 千克，两翅展开长达 3 米。上半身羽色为深褐色，下半身为浅黄或白色相间，头部后面有许多柳叶状冠毛，色黄有

食猿雕

斑点。面部和嘴为黑色，遇对手或猎物时冠羽会立即竖起成半圆形。冠羽高耸，面目古怪，显露出一副"鹰中之虎"的凶狠相。

食猿雕是一种大型猛禽，非常强悍，然而食猿雕的数量非常稀少，正处于绝种边缘。目前成年的野生食猿雕，只剩不到250只。食猿雕所筑的巢非常大，直径可达将近3米，但是它们的繁殖率很不稳定，一对食猿雕可能每2—3年，才会产下1只雏雕。食猿雕的目前分布状况并不明朗，但是它们所栖息的森林日渐缩减，导致它们的数量急剧下滑。

食猿雕的头部的后面，生有许多长达9厘米的矛状或柳叶状冠羽，当其发怒的时候，这些冠羽都高高地呈半圆形耸立起来，加上短而侧扁的巨大钩嘴和黑色的脸部，就构成了一副极其凶狠而古怪的面孔，令人望而生畏。

食猿雕没有亚种分化，是菲律宾热带雨林地区的特产动物，目前仅零散地分布在菲律宾的吕宋、萨马、莱特和棉兰老等岛屿的局部地区，所以也被称为菲律宾雕。食猿雕堪称森林中的霸王，具有短而宽的翅膀和长长的尾羽，能够敏捷地飞行和突然增加速度，所以特别适合于在森林中活动。它的大部分时间都是在树冠之中隐蔽地飞行捕食。而它当它需要从一个山谷飞往另一个山谷时，则在森林树冠的上方采用翱翔的飞行方式。

生活习性

食猿雕具有很强的领域性，每对差不多要占领30～50平方千米以上的领域，根据森林覆盖的程度和地形的变化而有所不同。在它的领域内，大多数动物都是其猎捕的对象，尤其是猕猴等各种猴类、蛇、灵猫等树栖动物。这些动物的种群数量在森林覆盖较好的地区通常是比较丰富的。有时它还喜欢隐藏在犀鸟的洞穴附近，伺机捕杀那些来给在洞穴中孵卵的雌犀鸟送食物的雄犀鸟。那些喜欢在村落、农田等处活动的食猿雕，还常常捕食狗、小猪等家畜。

食猿雕每年10—12月开始营巢，大多选择生长在山谷斜坡的大树，将巢筑在附生在大树上的蕨类植物形成的平台之中，距地面的高度一般在30米左右。每窝仅产1枚卵，孵化期大约为2个月。雄鸟送给雌鸟和雏鸟的食物频次是不同的。在食物贫乏的情况下，由于雄鸟带给正在孵卵的雌鸟的食物太少，雌鸟不得不离开巢和卵，自己去捕食，这种情况往往会导致孵化失败而最终弃巢。

在自然状态下，食猿雕的繁殖率极低，不仅产卵的数目太少，而且哺育一只幼鸟要花两年时间。因为幼鸟长齐羽毛需要4个多月，而且即使已经长齐了羽毛的幼鸟，仍然要在亲鸟的领域中逗留到第二年。幼鸟在自己学习捕食技术的期间内，可能仍然需要亲鸟的喂养。所以只有当幼鸟离开亲鸟的领域之后，亲鸟才可能再次营巢，进行繁殖。只有在幼鸟很小就夭折了的情况下，亲鸟才在当年冬天继续营巢繁殖。由此可见，一旦食猿雕的种群数量下降，再恢复则需要很多时间，更不用说幼鸟的发育和成长还要经过许多磨难和挫折。

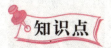

吕宋岛

　　吕宋岛是菲律宾最大岛屿，位于菲律宾群岛的北部。面积10.5万平方千米，约占全国面积的35%。主要居民为他加禄人和伊洛克人，北部和东北部山区有矮黑人和其他少数民族。地形复杂，三分之二以上为山地、丘陵。地势北高南低，山脉南北纵列。重要山脉有马德雷山、三描礼士和中科迪勒拉山。最高峰普洛格山海拔2928米。山脉之间夹有谷地和盆地。全岛除高山外，终年炎热，雨量丰富，年降水量达2000毫米以上。东部地区每年6—11月常遭台风袭击。植被主要为热带雨林和热带季雨林。主要河流有纵贯卡加延谷地的卡加延河，长350千米，为全国最长的河流；其次为流经中央平原的邦板牙河等。塔阿尔湖是火口湖，内湖是全国最大的湖泊。

延伸阅读

世界上最大的猛禽

　　在南美洲绵亘千里的安第斯山脉的崇山峻岭中，古老的印加民族常常会看到地上有一大片阴影掠过，大小有如一架直升飞机。这时一些迷信图腾的土著往往会望空舒身下拜。其实天上飞过的不是飞机，而是一种被当地人称作"南美神鹰"的猛禽——康多兀鹫。

一般体长 1.3 米，翅展 3 米（最高纪录为 5 米），体重 11 千克，飞翔时双翅覆盖面积达 7 平方米，不仅是猛禽中的巨无霸，也是世界上现存最大的飞禽。康多兀鹫还是飞得最高的鸟类之一，平均飞行高度为海拔 5000 ~ 6000 米，最高 8500 米，仅次于天鹅（天鹅迁徙时要飞跃 8800 多米的珠穆朗玛峰）。康多兀鹫区别于其他兀鹫的特征是颈下有一圈白色翎饰。康多兀鹫生活在海拔 2000 ~ 4000 米的高山地区，也经常出没于秘鲁的海岸。康多兀鹫借助海岸附近上升气流在高空盘旋寻找食物。它目光敏锐，周围 15 平方千米内的景象尽收眼底。康多兀鹫虽然体形巨大而且明眸善睐，但是它的爪子又短又钝，没有足够的力量抓握猎物，所以自身不能捕猎而是以其他食肉动物的残羹剩饭为食，偶尔也吃鸟蛋，饱食后可以连续两个星期不吃东西。实在没有动物"牺牲"供它果腹的时候，饿疯了的康多兀鹫会捕食牛犊、羊羔之类的猎物，只是它不能像其他猛禽那样把猎物带走。康多兀鹫在人类难以企及的悬崖上筑巢，繁殖率极低，雌鸟每隔两年才产下一枚卵，幼雏一周岁以后才会飞翔，期间由双亲哺育喂养，寿命长约 50 年。

康多兀鹫外表威武雄伟，气宇轩昂，被智利选为国鸟，作为国徽和军徽的主要标志。据史料记载，16 世纪第一批西班牙殖民者在南美洲登陆的时候，安第斯山脉栖息着大量康多兀鹫。不过几百年来受人为因素的影响，20 世纪中后期时康多兀鹫已经被列入濒危物种名单。科学家估计秘鲁境内的康多兀鹫数量在 400 ~ 4000 只。

猫头鹰

基本特征

猫头鹰是一种在夜间活动的鸟，嘴和爪呈钩状，十分锐利，两只眼睛也与其他鸟不一样，不是长在两侧，而是位于正前方，眼的四周羽毛呈放射状，周身羽毛多数为褐色并有许多细细的斑点，眼睛的视网膜里有许多圆柱形感光细胞，感光非常灵敏，白天光线强烈，它什么也看不清，所以它只能在夜间活动。

它的视野集中，能清楚地分辨景物的前后距离，帮助它在黑夜里确定捕捉目标。猫头鹰耳朵的耳孔很大，耳壳发达，地面上一些小动物活动时发出的细微声音，都能听到。

猫头鹰主要以老鼠和田鼠为食，有时也吃兔子、松鼠和臭鼬等动物。一只猫头鹰在一个夏季

猫头鹰

里能吃掉上千只田鼠，保护了很多粮食，所以对人来说，猫头鹰是一种益鸟。

猫头鹰与一般鸟类不同，它的羽毛柔软而轻，飞起来没有一点声音，头宽大，圆脸盘，一对大眼睛在脸盘上双双向前。有的种类在头顶的两侧有突起的羽毛，像耳朵似的，称耳突，面形似猫，故得名猫头鹰。

生活习性

几千年来，人们都把猫头鹰当作有特殊意义的动物。原始人对猫头鹰有很多迷信，那主要是因为它们发出的叫声非常特别。在欧洲的许多地方，当人们听到猫头鹰的叫声时，会认为那是死亡的征兆。在古希腊，猫头鹰又被当成了智慧的象征。

猫头鹰是一种在夜间才真正活起来的动物，而且它全身的各个部位都特别适合这种生活。首先让我们来看看猫头鹰的叫声。当猫头鹰在夜里发出那种奇特叫声的时候，它附近的动物都会被这种叫声吓得胆战心惊。如果猫头鹰的附近有动物走动或发出响声，猫头鹰那敏锐的耳朵就会立刻听到。

猫头鹰的耳朵与其他大多数鸟的耳朵不同，是长在外面的。有些猫头鹰的耳朵附近还长了一种喇叭形的羽毛，能使它的听觉更加敏锐。在猫头鹰听到某个猎物在黑暗中走动的声音时，它的眼睛也能立刻看到那个猎物。猫头鹰的眼睛能有这样的特殊本领，其中有两个原因。

第一是因为猫头鹰的眼球在聚焦方面有极大的伸缩性。不管是多远，多近

的物体，猫头鹰的眼睛都能立即在它们身上形成视觉焦点，看得一清二楚。

第二是因为猫头鹰能在很大的范围内睁开瞳孔。这就使得它的眼睛在黑夜里能运用自如。猫头鹰眼睛的位置使得它只有转过整个头部才能改变视觉方向。

甚至连猫头鹰的羽毛都有助于它捕食猎物。猫头鹰的羽毛十分柔软，这使它能无声无息地飞翔。当猎物还没有任何觉察的时候，已经被猫头鹰抓在手里了。有些猫头鹰是农民的好帮手，因为它们以老鼠、昆虫等其他庄稼的天敌为食物。可也有些猫头鹰让农民损失不小，因为它们吃小鸡和其他家禽。

猫头鹰很大的、缓慢眨动的眼睛使得它脸上表现出其他鸟类所没有的丰富表情，而这种表情毫无疑问地帮助它获得了智慧的美誉。事实上猫头鹰的大脑并没有装载更多的东西。尽管猫头鹰的头骨（去掉羽毛）只有一个高尔夫球大小，但是它们的眼球却几乎和人类的一样大小。这就使得它的头部没有足够的空间留给大脑来处理问题了。

猫头鹰

猫头鹰就像它们所做的那样，最重要的就是很好地适应了在夜晚捕食小型猎物这项工作。它们巨大的瞳孔能够捕获大量的光线，它们眼球的形状更像咖啡馆里的摇盐的小瓶，而不是一个球体，这有利于尽最大可能地给视网膜留出空间。视网膜本身所具有的对光敏感的视杆细胞比对光准确聚焦的视锥细胞要多得多，这使得猫头鹰在几乎没有光线的时候也能够看得见东西。

长耳鸮的眼睛是如此的敏锐，以至于在相当于一个足球场里只点燃一根蜡烛的光线条件下，它也能确定一只静止不动的老鼠的位置。猫头鹰大大的、朝前看的眼睛的缺点是不能移动。如果想要改变视野，它们必须要转动头部。如果要准确地判断一个物体的位置，它们就得快速地来回转动头部，从稍稍不同的角度来辨别物体。

但是，眼睛只是猫头鹰与众不同的一个方面。与眼睛相比，它的耳朵同样也非常灵敏。面部扁平的、由羽毛形成的脸盘，如同卫星的碗状天线一样，能帮助它接收到声波，并传导到耳孔里。耳孔是一条很大的垂直裂缝，一直通到头骨的两侧。有时候它们是不对称的，一只耳孔比另一只位置高。这样可以通过老鼠发出的沙沙响

猫头鹰

声到达两个耳孔的微小间隔，来判断出猎物的准确位置。这种用耳朵判断猎物位置的方式非常精确，某些种类的猫头鹰能够在完全黑暗的条件下进行捕猎。

和非凡的视觉和听觉一样，猫头鹰还进化出了一种独特的在飞行中不发出声音的体系。它们的身体和腿部长有大量的绒羽，甚至飞羽的边缘还具锯齿状的缘缨，使得通过它们身体的气流减弱。这使它们的身体看起来比实际上要大很多。长耳鸮的翼展可以达到 1 米，但是体重却比一个橘子还要轻。为了隐藏自己，它们会把身体的各个部分都埋藏在羽毛里，使自己看起来像一根树枝。

长期以来，猫头鹰的无声飞行吸引了许多鸟类学者，因为没有其他任何一种鸟有这样隐秘的行为。猫头鹰的羽毛非常柔软，翅膀羽毛上有天鹅绒般密生的羽绒，因而猫头鹰飞行时产生的声波频率小于 1000 赫，而一般哺乳动物的耳朵是感觉不到如此低的频率的。这样无声的出击使猫头鹰的进攻更有"闪电战"的效果。

独特的羽毛结构使夜行猫头鹰成为世界上最安静的飞鸟，对于它们的猎物来说有时甚至是无声的。现在航空飞机工程师正在研究猫头鹰羽毛的独特结构，希望从中得到启发，制造出声音尽可能小的航行器。

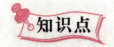 知识点

视 网 膜

　　视网膜居于眼球壁的内层，是一层透明的薄膜。视网膜由色素上皮层和视网膜感觉层组成，两层间在病理情况下可分开，称为视网膜脱离。色素上皮层与脉络膜紧密相连，由色素上皮细胞组成，它们具有支持和营养光感受器细胞、遮光、散热以及再生和修复等作用。

▶▶▶ 延伸阅读

各国的猫头鹰文化

　　我国民间有"夜猫子进宅，无事不来"、"不怕夜猫子叫，就怕夜猫子笑"等俗语，常把猫头鹰当作"不祥之鸟"，称为逐魂鸟、报丧鸟等，古书中还把它称之为怪鸱、鬼车、魑魅，当作厄运和死亡的象征。产生这些看法的原因可能是由于猫头鹰的长相古怪，两眼又大又圆，炯炯发光，使人感到惊恐；两耳直立，好像神话中的双角妖怪，使得古人多用"鸱目虎吻"来形容凶暴之貌；猫头鹰在黑夜中的叫声像鬼魂一样阴森凄凉，使人更觉恐怖。此外，猫头鹰昼伏夜出，飞时像幽灵一样飘忽无声，常常只见黑影一闪，也使对其行为不甚了解的人们产生了种种可怕的联想。

　　希腊神话中的智慧女神雅典娜的爱鸟是一只小鸮（猫头鹰的一种，被认为可预示事件），因而古希腊人把猫头鹰尊敬为雅典娜和智慧的象征。

　　在日本，猫头鹰被称为是福鸟，还成为长野冬奥会的吉祥物，代表着吉祥和幸福。人们害怕猫头鹰就认为可以用它来驱除邪恶。据此，残害猫头鹰的多马人，却用猫头鹰的模拟像来镇邪恶。

　　在英国，人们认为吃了烧焦以后研成粉末的猫头鹰蛋，可以矫正视力。约克郡人则相信用猫头鹰熬成的汤可以治疗百日咳。

在 J. K. 罗琳的魔法小说《哈利·波特》中,猫头鹰和蟾蜍等是巫师们的宠物。在这些宠物中,猫头鹰是最高贵也是最受欢迎的一种。因为它们不仅可以帮助主人发放邮件,是个名副其实的"邮递员",而且它们能够通晓人类的感情和语言,是具有智慧的。

加拿大温哥华印第安人的后裔现在仍保留猫头鹰的图腾舞,不但有大型木雕的猫头鹰形象,而且有舞蹈,舞者衣纹为猫头鹰;全身披挂它的猎获物老鼠。

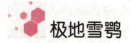

极地雪鸮

基本特征

雪鸮属于体形较大的鸮类,体长约为 50~71 厘米,雌性平均体长为 66 厘米,雄性平均体长为 59 厘米,翼展 125~165 厘米,体重 1.6~3 千克,雌性平均重 2.3 千克,雄性平均重 1.8 千克,雄性体形明显小于雌性;由于本物种分布在高纬度和高海拔的寒冷地区,因而雪鸮通体几乎纯白色,体羽端部近黑色,因而在头顶、背部、双翅、下腹遍布黑色扇形斑点,而雌鸟和幼鸟的黑色斑点更多;无其他鸮类常见的耳状羽,浑圆雪白的头部看起来颇为可爱;虹膜黄色;喙黑色;

极地雪鸮

足黄色,强健有力,覆有密羽,爪黑色,钩曲,长 2.5~3.5 厘米,能迅速征服大型猎物。雄性幼鸟的颈部、颈后和尾羽都比雌性幼鸟白。雄性雪鸮随着年

龄的增长会越来越白，部分年老的雪鸮全身会接近纯白色，而雌性雪鸮身上的一些斑点终身不消失。雪鸮的羽毛非常浓密，正是这些浓密的羽毛使它能在气温零下50℃的环境下还能保持38℃～40℃的体温。因此，如果它遇到强风，就会找到石堆、雪堆或是干草堆作为避风处，然后蜷缩身体贴在地面上，这样它浓密的羽衣就能为它御寒。

它雪白的羽毛在冬季是非常好的伪装，不过冬季一过这种优势就不复存在了。当春天来临时，地面上的雪就会开始融化，而雪鸮仍会选择有斑驳冰雪的地方栖息。目前人们猜测它们产生这种行为可能是为了伪装、驱虫或是保持凉爽，但实际的原因仍不为人知。

雪鸮分布于环北极冻土带以及北极圈内的不被冰雪完全覆盖的岛屿上，包括阿拉斯加、加拿大、格陵兰、斯堪的纳维亚北部、俄罗斯、新地岛北部和西伯利亚北部。由于在特定季节食物匮乏，可能漂泊到欧洲南部、高加索山脉、土耳其、日本、朝鲜、沿喜马拉雅山甚至可能游荡到印度西北部，北美洲的得克萨斯州、佐治亚州甚至加勒比地区也曾有迷鸟记录；冬季，雪鸮可见于加拿大和美国北部，美国南部、冰岛、不列颠群岛、欧洲北部、俄罗斯中部、中国黑龙江省北部、中国新疆西部和俄罗斯萨哈林岛也有少数雪鸮出现，在河北北戴河有迷鸟记录。虽然雪鸮主要分布在北极圈附近，但种群数量增多会造成苔原的食物短缺，这使得它们周期性南迁，周期可能为3—4年。发现雪鸮化石地点的南端是北回归线，有可能此地是雪鸮的起源地；而目前人们在隆冬时节发现雪鸮踪迹的最北端是位于北纬82°的埃尔斯米尔岛，在这个季节里极夜仍在继续。

生活习性

雪鸮主要以极地常见的小型哺乳动物为食，主要包括旅鼠和幼年岩雷鸟，食物匮乏时也会游荡到其他地域取食其他啮齿类动物、雉类、雁鸭类和雪兔等。它也会捕食多种小型哺乳动物，如草原田鼠和鹿鼠，而且常会利用大型猎物沿布阱路线找到更多食物。这些大型哺乳类猎物包括野兔、麝鼠、旱獭、松鼠、草原犬鼠、老鼠、鼹鼠、狗、狐狸和其他毛皮兽，鸟类包括岩雷鸟、鸭、鹅、涉禽、雉鸡、松鸡、鸥、鸣禽及短耳鸮。它也会吃鱼类和腐肉。当它捉到一只雪兔后，会紧紧抓住雪兔的背并拍击，直到雪兔精疲力尽为止，然后它就会用喙折断雪兔的脖子。如果捕到的猎物有剩余，它就会将剩余的猎物存放到附近的树枝上。每只雪鸮每天要捕食 7～12 只小鼠，每年能消耗 1600 只旅鼠。

雪鸮会选择高高的枝头栖息，这样它就能获得良好的视线。它的眼球不能转动，但是头部的转动角度范围可达到270°，这使得它对捕猎区一览无余。它常常以蹲姿等待猎物，然后用它的利爪在地面、空中或是水面上将猎物迅速抓起。当它凭借视觉或听觉定位一只猎物后，它就会迅速追赶，并用利爪抓住。雪鸮

极地雪鸮

的视觉极为灵敏，因为它的眼睛比人眼包含更多的聚光细胞，可以观察到极远处的小物体，正是它双目极佳的视力，使它拥有极强的判断距离的能力，这一点在捕猎中是非常重要的。它的听觉也非常灵敏，即使是在茂密的草丛中或是厚重的冰雪下，它也能仅凭声音来捕猎，它拥有如此灵敏的听觉，是因为眼眶周围的羽毛竖直并排成圆环形，而这些羽毛刚好可以将声波反射到处于眼睛正后方的耳孔内。正是它灵敏的听觉使它能在昏暗的环境下觉察到猎物的踪迹。

雪鸮常会将猎物整个吞下，18—24 小时后将不能消化的部分变成唾余吐出。它常在固定的地点吐出唾余，唾余数量较多，通过分析唾余中的残骸可以准确地了解它的食性。当大猎物被撕成小块食用时，唾余就不会产生。

雪鸮在苔原生态系统的食物网中扮演着十分重要的角色，而且在其分布区南部，它对于农耕区啮齿类动物的控制起到了重要的作用。它严酷的生活环境常常造成食物短缺，不过它应变能力很强，能够迁徙到食物来源充足的地区。雪鸮的种群数量浮动很大，主要与岩雷鸟和田鼠的数量有关，如在加拿大的班克斯岛，食物充足的年份中该岛上的雪鸮数量可达到 1.5～2 万只，而食物匮乏的年份中只有 2000 只。

　　雪鸮的叫声多变，但是在繁殖期外它们是非常安静的。平常的鸣声为不断重复的深沉的叫声。繁殖期时，雄鸟常常会发出"呼—呼—"的叫声来求偶或是对入侵领地者发出通告；兴奋时会发出"呼—呜——呼—呜——呼—呜——呜—呜—呜—"；其他叫声包括狗吠声、咯咯声、尖鸣声、嘶嘶声和碰击喙的声音。

　　虽然雪鸮的天敌很少，但成年雪鸮也在时刻保持警戒，对任何可能对它们或它们的子女造成威胁的事物都做好了防御准备。雪鸮在繁殖期外是安静甚至羞怯的，但是进入繁殖期后，它们对入侵者就会很不客气。在繁殖期间，它们常常会面临北极狐、贼鸥以及狗、狼和其他鸟类掠食者，而人类则是它们最危险的天敌。雄雪鸮的攻击行为包括发出吠声、鼓喉、扬尾并弓下身，并准备俯冲。它们非常小心地看护蛋，从来不会让蛋无人看管。雄雪鸮会在产卵地附近守卫，而雌雪鸮会孵蛋和照顾雏鸟。雄鸟和雌鸟都会袭击敌方，采用俯冲或转移注意力的方式将敌方赶走以保护蛋。面对闯入自己地盘的其他雄雪鸮，雄性主人还会作出夸张的姿势以驱走入侵者。它们还会与一些掠食者争夺岩雷鸟和其他猎物，这些掠食者包括毛脚鵟、大雕鸮、金雕、游隼、海东青、贼鸥、北极鸥、短耳鸮、渡鸦、狼、北极狐和白鼬。因为雪鸮常将掠食者赶出自己的领地，将巢修筑在它们附近的雪雁等物种也从中受益。

　　雪鸮是北极苔原地区的留鸟，栖息于海平面至海拔 300 米以下的苔原地区，也可能栖息在低地盐化草甸或排水差的淡水湿草甸，在北半球高纬度地区和高海拔地区活动，主要是为了觅食。即使是夏季，它们的活动范围也都在北纬 60°以北。不过由于它们的猎物种群数量变化很大，它们需要常常做出调整，这使它们成为频繁迁徙的鸟类，因此它们也偶尔会在北纬 60°以南繁殖。食物不充足时雪鸮会向南部迁徙，在南方常见于乡村地区、市中心以及沙丘包围的湿地。南迁徙越冬时，雪鸮会选择草原、湿地、开放性田地、海岸线或疏林等树木稀少的地区进行繁殖，因为这些地区与苔原一样是没有密林的。个别雪鸮不会迁徙，而且四处游走，可能会划分自己的狩猎领地并守卫两三个月。

　　与很多鸮类不同的是，雪鸮在很多地域属于昼行性鸟类，白天活动晚上休息，偶尔也在黄昏后捕猎。它们的飞行姿态平稳有力，俯冲力量强，而升空速度也很快。它们能进行短程贴地飞行，并会不时降落在地面或杆上停息。在天气炎热时，雪鸮会通过呼气和张开翅膀来降温。它们大部分时间都会栖息在视野开阔的地点，如篱笆、草垛、树木、建筑物、电线杆，密切注意其他入侵者，或是伺机从猎物背后悄悄捉住它们。

雪鸮求偶表演复杂精美，由空中表演和地面表演两部分组成。求偶表演以空中表演开始，首先雄雪鸮会用喙叼住或双爪抓住一只岩雷鸟，并不断高低起伏地飞行，接着不断攀升，最后以优雅地垂直降落而告终。降落后，雄雪鸮就会进行地面表演，首先它会背对雌雪鸮直立，然后将头低下，身体向地面倾斜，尾羽呈扇形不完全展开，整个身体几乎贴在地面上。另一种常见的表演是雄雪鸮在空中飞行时将岩雷鸟传递给雌雪鸮；雄雪鸮会将贮存的猎物展示给雌雪鸮，而且常把食物喂给雌性。

知识点

苔 原

苔原也叫冻原，是生长在寒冷的永久冻土上的生物群落，是一种极端环境下的生物群落。苔原冬季的温度不见得非常寒冷，最低气温比东西伯利亚的针叶林还要高一些，但夏季却寒冷而短促，没有针叶林那样可以使树木生长的温暖湿润的夏季。

苔原多处于极圈内的极地东风带内，风速极大，且有明显的极昼和极夜现象。苔原降雨量虽然不是很大，但蒸发量极小，气候仍是非常湿润的，植物既要适应湿润的气候，又要忍受由寒冷造成的生理性干旱。苔原到了夏季也只有表层土壤融化，其下就是厚厚的永久冻土，降水被永久冻土阻拦而难以渗入地下，形成大面积积水，使苔原普遍有沼泽化现象，一系列沼泽池塘点缀在苔原之上。

守护巢穴

　　雪鸮生存环境极其严酷，因而其繁殖并不似其他鸟类那般规律，常受到食物供给状况的影响，如果食物极度缺乏甚至会多年不繁殖，食物充足时一年繁殖一次。当雪鸮群体性迁徙时，部分个体仍会留在繁殖地点。

　　雪鸮性成熟的年龄仍不为人知，不过一般认为至少需要两年。雪鸮终身为一夫一妻制，不过当食物极度充足时也可能有一夫多妻制的情况。雪鸮的繁殖期通常为5—9月，一般2月或3月开始迁徙，在4月底至5月初到达繁殖地点，繁殖伴侣是在越冬过程中或到达繁殖地点后形成。在迁徙过程中，雪鸮会成对或结成小型集群行动，这时在几百平方米的范围内最多可以见到20只左右的雪鸮。

　　雄鸟会确立自己的地盘，雌鸟会选择产卵地点，一般是在视野开阔的无雪地点。在高纬度北极地区，雪鸮会选择生长有柳树、虎耳草、帚石楠和地衣等高地植物的地点作为巢位，而在低纬度北极地区，它们则会选择生有茂密的圆丘形矮灌木的草甸。雌鸟不筑巢，而是在小丘或大石旁迎风面定居，常寻找苔原高地的地面凹陷处或岩石基部低洼处，或是在地面上挖坑产卵，有时会铺上一些植物材料或羽毛，偶尔也会选择沙堆或废弃鹰巢。它们一般不会在固定的地点繁殖，不过在有些地方，一对雪鸮也有可能多年在同一地点繁殖。雪鸮会划分领地，领地范围是以产卵地点为中心的1~2平方千米内，常与其他雪鸮的领地重叠，而距离产卵地点1千米内的入侵者可能就会受到猛烈的攻击。

秃鹫

基本特征

秃鹫又叫秃鹰、座山雕，泛指一类以食腐肉为生的大型猛禽。除了南极洲及海岛之外，差不多分布全球每个地方。

秃鹫体形大，全长约 110 厘米，体重 7~11 千克，是高原上体重最大的猛禽，它张开两只翅膀后整个身体大约有 2 米多长，0.6 米宽，是猛禽中的"巨人"。这种鸟力大无穷，使劲扇动翅膀起飞时，能在地面刮起一股不小的旋风。

秃 鹫

秃鹫头部为褐色绒羽，后头羽色稍淡，颈裸出，呈铅蓝色，皱领白褐色。上体暗褐色，翼上覆羽亦为暗褐色，初级飞羽黑色，尾羽黑褐色。下体暗褐色，胸前具绒羽，两侧具矛状长羽，胸、腹具淡色纵纹，尾下覆衬白色，覆腿黑褐色。秃鹫虹膜褐色，喙端黑褐色，蜡膜铅蓝色，跗蹠和趾灰色，爪黑色。

秃鹫的整体形象虽然令人望而生畏，但体形雄健，飞翔姿态优美，常常给人一种神秘的感觉，在其产地常被誉为"神鹰"。人们也常用它的名字命名突兀雄伟的山峰，例如北京有个风景旅游区就叫作鹫峰；"灵鹫向云中隐去，奇峰自天外飞来"，是杭州游览名胜飞来峰的写照。在我国唐代文学家韩愈所作《南山》一诗中，还用"或宛若藏龙，或翼若搏鹫"的句子将鹫和龙相提并论，来形容南山的雄伟壮丽。

生活习性

秃鹫没有亚种分化，分布于非洲西北部、欧洲南部、亚洲中部、南部和东部，冬季也到印度、泰国、缅甸等地。我国大部分地区见到的都是罕见的留鸟，部分迁徙或是在繁殖期后四处游荡。

大多数鹫的翼展宽可达两米多长，难在丛林间飞翔，因此主要栖息于低山丘陵、高山荒原、森林中的荒岩草地、山谷溪流和林缘地带，冬季偶尔也到山脚平原地区的村庄、牧场、草地以及荒漠和半荒漠地区觅食。常单独活动，偶尔也成小群，特别在食物丰富的地方。白天活动常在高空悠闲地翱翔和滑翔，有时也进行低空飞行。鹫在翱翔和滑翔时两翅平伸，初级飞羽散开呈指状，翼端微向下垂。休息时多立于突出的岩石上，电线杆或者树顶的枯枝上。不善鸣叫。

秃鹫是典型的食腐动物，主要以大型动物的尸体为食，在进餐之前，总是先将尸体的腹部啄破撕开，然后将光秃秃的头部伸进腹腔中，把内脏吃得干干净净。它也常在开阔而较裸露的山地和平原上空翱翔，窥视动物尸体，偶尔主动攻击中小型兽类、两栖类、爬行类和鸟类，甚至袭击家畜。秃鹫也吃水鸟和兔，还在水边捡食死鱼；以双脚抓向猎物，用爪抓取飞掠水面觅食的禽鸟；在

食腐肉的秃鹫

沿岸水湾和逆流水面捕猎小型无脊椎动物。在飞掠水面猎食昆虫时，它们的翅膀几乎触及清澈的浅水。

秃鹫的巢是用树枝木棍结成并逐年加大加固，直径最大可达2.7米，深达3.6米，重量差不多有两吨。美国在佛罗里达州附近还发现过一个秃鹫建造的超级鸟巢，直径长达三米，深达六米。胡秃鹫的巢常筑在海拔4000米以上的峭壁，护巢性强，可以用翅膀或利爪来攻击敌害，使敌人最后葬身于千丈悬崖之下。

秃鹫形态特殊，可供观赏，其羽毛具较高经济价值。在牧区，秃鹫受到民间保护，但20世纪90年代以来常有人捕杀制作标本，作为一种畸形的时尚装饰。加上秃鹫本身繁殖能力较低，使此种群受到了一定破坏。

我们已经知道埃及秃鹫会叼起石头砸鸵鸟蛋，而胡秃鹫却恰恰相反，它是抓着鸟蛋，掷向石头或树干。须秃鹫是鹫类中最善于飞翔的品种之一，有人见过它在9000多米高空上飞翔。它们的钝爪像其他鹫鹰的爪一样，不能杀死猎物，但可以抓起猎物带着飞走，它们还会把骨头从数百尺高处扔在岩石上，砸碎后吃骨头里的软髓。

知识点

蜡膜

有些鸟的角质喙与前头部之间的连接是柔软的皮肤，称为蜡膜，有的蜡膜遮住了鼻，鼻孔从下侧开口。有些鹦鹉如金刚鹦鹉的蜡膜被覆羽毛，而有些鹦鹉如虎皮鹦鹉和鸽、鸦的蜡膜是裸露的。蜡膜处有丰富的触觉小体，是一种感觉器官。有的鸟类可以由蜡膜的颜色来分辨性别。如虎皮鹦鹉雄鸟的蜡膜是蓝色的，雌鸟的蜡膜是粉色的。

延伸阅读

鸟类的迁徙活动

目前研究的结果表明，许多鸟类都进行季节性迁徙。在东北区陆地繁殖的589种鸟类中有40%的种类，总共大约50亿只鸟，每年要飞到南方去越冬，这还不包括在本区迁徙的鸟类。在加拿大繁殖的雀形目鸟类有160种，其中120种进行迁徙，占75%。

鸟类的迁徙往往是结成一定的队形，沿着一定的路线进行。迁徙的距离有近的，也有远的，从几公里到几万公里。最长的旅程可要数北极燕鸥，远到1.8万千米。此鸟在北极地区繁殖，却要飞到南极海岸会越冬。在迁徙时，鸟类一般飞得不太高，只有几百米，仅有少数鸟类可飞越珠穆朗玛峰。迁徙时飞行速度为40~50千米/小时，连续飞行的时间可达40—70小时。

许多鸟类在迁徙前必须储备足够的能量。这是对长距离的飞行的适应。能量的储备方式主要是沉积脂肪。脂肪不仅为候鸟提供能量，而且脂肪代谢过程中所产生的水分也能为身体所利用。许多鸟类因储存脂肪而使体重大为增加，甚至成倍增加。例如北美的黑顶白颊林莺和欧洲的水蒲苇莺的体重一般为11克左右，但在迁徙前可达22克左右，所沉积的脂肪可供其飞行100小时左右。

引起鸟类迁徙的原因很复杂。现在一般认为，鸟类的迁徙是对环境因素周期性变化的一种适应性行为。气候的季节性变化，是候鸟迁徙的主要原因。由于气候的变化，在北方寒冷的冬季和热带的旱季，经常会出现食物的短缺，因而迫使鸟类种群中的一部分个体迁徙到其他食物丰盛的地区。这种行为最终被自然界选择的力量所固定下来，成为鸟类的一种本能。

鸢

基本特征

鸢，又叫黑鸢、老鹰、鹞鹰等，鸟纲，鹰科。它是中型猛禽，体长 54 ~ 69 厘米，体重 684 ~ 1115 克。虹膜暗褐色，喙黑色，蜡膜和下喙的基部为黄绿色；脚和趾为黄色或黄绿色，爪为黑色。上体为暗褐色，颏部、喉部和颊部污白色，下体为棕褐色，均具有黑褐色的羽干纹，尾羽较长，呈浅叉状。具宽度相等的黑色和褐色相间排列的横斑，是它与其他猛禽相区别的主要特征之一。另外，它在飞翔时翼下左右各有一块大的白斑。

鸢分布于欧亚大陆、非洲、印度、日本，一直到澳大利亚和巴布亚新几内亚。我国各地皆有分布。鸢在全世界共分化为 8 个亚种，我国有 2 个亚种，其中东亚亚种的分布范围几乎遍及我国内地以及台湾地区和海南岛，是我国猛禽中分布最为广泛的一个亚种，在黑龙江、吉林、内蒙古等地为夏候鸟，在内蒙古、辽宁、北京、河北为夏候鸟或者留鸟，在其他地区均为留鸟。另外一个亚种为印度亚种，主要分布于云南的部分地区，此外还偶见于福建的福清，是罕见的留鸟。鸢被列为国家二级保护动物。

鸢

YIQI TANXUN NIAOLEI SHIJIE

生活习性

鸢，也就是我们俗称的"老鹰"，有独特的飞行本领，高超的滑翔技巧，也极其爱炫耀。在天空中，它张开巨大而强劲的翅膀，任意西东，丝毫不把其他鸟儿放在眼里。有时，凌云翱翔，扶摇直上；有时，搏击长空，俯冲疾降。"鸟中之王"，必然是"飞行之王"。16 世纪时，法国国王亨利二世在巴黎的郊外打猎，他放出一只有标记的老鹰，不到一天一夜的时间，鸢便飞了1700千米之遥，出现在了马耳他岛上。

鸢

鸢的高空飞翔，是充分利用了上升和下降的气流。上升气流把它上凸下凹的翼翅托起，悬在空中；遇到冷气流下降时，它就随着急速下滑。在静止无风的空气中飞翔时，因为没有上升的热空气，所以就不断从高处斜向下滑了。

鸢栖息十井阔的平原、草地、荒原和低山丘陵地带，也常在城郊、村庄、田野、港湾、湖泊上空活动，偶尔也出现在 2000 米以上的高山森林和林缘地带。白天活动，常单独在高空飞翔，秋季有时也呈两或三只的小群。飞行快而有力，能将尾羽散开，像舵一样不断地摆动和变换形状以调节前进的方向，熟练地利用上升的热气流升入高空和在高空中长时间盘旋。有时在高空翱翔时，将两个翅膀平伸不动，如同悬挂在空中一样，所以在农村中，人们常常利用这一特点，将鸢的尸体或者仿造的模型挂在高高的篱笆上，用以吓唬来到田地中偷食的麻雀等小鸟。

鸢的食量很大，而且消化能力极强，所以从早到晚忙于觅食。我们经常看到鹰在空中盘旋，这就是在寻找猎物，它俯冲时也要先在空中盘旋，一圈一圈地落下，这样可以监视猎物。无论猎物向哪个方向逃跑，都会在其监视之下。它会逐渐缩小包围圈，到达有把握的高度时，便猛冲下去，这样就能百发百中地捕到猎物。

知识点

巴布亚新几内亚

巴布亚新几内亚位于南太平洋西部，属英联邦成员国，包括新几内亚岛东半部及附近俾斯麦群岛、布干维尔岛等共约 600 余个大小岛屿。国名由巴布亚和新几内亚两部分组成，得名于岛名。巴布亚新几内亚为一个落后国家，主要是以农业为主，农业占巴布亚新几内亚经济 34%（2003 年）。主要出口有矿产和农产咖啡、可可、椰干、棕油、橡胶、木材及海产品等。2004 年巴布亚新几内亚有 542 万人，出生率为 30.52%，死亡率则达 7.5%，其中婴儿死亡率更高达 53.15%。因其多山地形崎岖，国内陆路交通十分不便。首都莫尔兹比港并无公路通往任何国内城市。

延伸阅读

老鹰效应

众所周知，老鹰是鸟类中最强壮的种族。动物学家研究后认为，老鹰之所以是鸟类中最强壮的种族，可能与它的喂食习惯有关。一般来说，老鹰一次生下四五只小鹰，而老鹰每次所猎捕回来的食物一次只能喂食一只小鹰，老鹰喂食的方法与其他鸟类的喂食方法不同，即不是依据公平的原则，而是哪一只小鹰抢得凶就喂哪一只小鹰。于是瘦弱的小鹰吃不到食物最终都饿死了，抢得最凶的小鹰存活下来，代代相传，老鹰这个种族就愈来愈强壮。人们将这种"适者生存"的现象称之为"老鹰效应"。"适者生存"，初衷是通过竞争提升

有能力者，而不是造成很多失业或下岗。

"老鹰效应"对学校管理的启示是：社会要进步就免不了要有激烈的竞争，而学校要在激烈的竞争中生存下来，学校领导者在教师的使用上就不能太"公平"，而且在管理上还要建立适当的竞争机制和淘汰机制（当然，这种淘汰机制不是要教师下岗或失业）。只有让高素质的教师成为学校工作的主角，学校教师队伍的整体素质才能够提高，学校的教育质量才能够不断攀升。否则，学校就会在日益激烈的社会竞争中遭到自然淘汰。

隼

基本特征

隼为肉食猛禽，鸟体形差别很大，体长可达120厘米，有的如红腿小隼和白腿小隼只有10～20厘米，比麻雀大不了多少。

隼体形矫健，飞行迅捷；嘴前端两侧具单齿突，适于撕裂猎物吞食；嘴基部通常被蜡膜或须状羽。翅强健，善于在高空持久盘旋翱翔；翅稍长而狭尖，飞行快速，善于在飞行中追捕猎物；尾羽形状不一，多数为12枚；脚和趾强健有力，通常三趾向前，一趾向后，呈不等趾型。趾端钩爪锐利；体羽色较单调，多数为灰褐、棕褐或石板灰褐色，或污灰白色混合斑纹羽色；通常具小型副羽；一般绒羽较发达。雌鸟体形较雄鸟稍大。头骨宽阔，上眼眶骨扩大，眼球较大，视野宽阔，视觉敏锐；听觉发达；胸骨宽阔；下肢骨壮健，趾骨稍长，屈趾肌腱发达，加强了钩爪的抓握

隼

力，利于撕裂和刺穿。

生活习性

隼是自然界中的好猎手，多在白天活动。它们善于捕猎，飞行技巧高超，给人以凶猛的印象。依据体形的不同，它们的食物从哺乳动物到昆虫各有差异。有些鸟自己不主动猎食，专吃已死亡的动物的尸体。隼的视力敏锐，可以在远距离发现快速移动的猎物，并能快速调整对焦。主要以腐肉为食的秃鹫、兀鹫等，喙和爪的锋利程度要比捕猎技巧高超的鹰、雕逊色很多。食量大，食物中不消化的残余，如骨、羽、毛等物，常形成小团块吐出。

隼栖息环境多样，在高山、平原、山麓、丘陵、草原、海岸峭壁、江河湖泊或沼泽草地等处均可见到。白昼活动，能在高空持久盘旋和翱翔，隼能灵活而急速地追猎飞着的鸟类。

隼多是一夫一妻，雌雄共同哺育后代。幼鸟生长得很快，有些种类的鸟离巢前要比成鸟体形大。幼鸟要经过1—3年的时间才会性成熟。隼多在高树或悬崖

隼

上营巢。大型种类每窝产卵1~2枚，小型种类每窝产卵3~5枚。大型种类孵化期约45天，雏鸟留巢2个月后飞出；小型种类孵化期约30天，雏鸟留巢约1个月后飞出。雏鸟为晚成性。一般主要由雌鸟孵卵，雄鸟在附近警戒，并捕猎育雏的食物。在中国，隼于春末夏初到达东北、华北地区繁殖；秋初结群南迁越冬，少数留居华南和印度半岛；有的飞渡印度洋到非洲东部和南部越冬。隼类寿命较长，小型种类能活15—25年，有的能活80年。隼为农林业的益鸟，在抑制害鼠、害虫方面起重要作用。

隼处于食物链的顶端，具有重要的生态意义，隼被人们认为具有勇猛刚毅等优良品格，所以有不少国家的国鸟是隼类鸟。

知识点

IQ

智商就是智力商数。智力通常叫智慧，也叫智能。是人们认识客观事物并运用知识解决实际问题的能力。智力包括多个方面，如观察力、记忆力、想象力、分析判断能力、思维能力、应变能力等。

智商是智力测验者用以标示智力发展水平的指数，它是依下列公式求得的，智力年龄/实足年龄×100＝智力商数。如果某儿童智龄和实龄相等，依公式计算智商测验等于100，即标示其智力相当于中等儿童的发展水平。智商测验者将智商在120以上的称作"聪明"，在80以下称作"愚蠢"他们还认为智商基本上是不变的。

延伸阅读

红 隼

在猛禽世界里，它算不上是庞然大物，体形相当娇小，个头只比鸽子稍大一点，它就是比利时的国鸟——红隼。

红隼因为自身偏红的体色，在我国有"红鹰"、"红鹞子"的别称。但是它的学名"红隼"又是从何而来的呢？这其中还有一个小插曲。1758年，著名的瑞典博物馆学家林耐注意到了这种小型猛禽。它们拥有猛禽类共同的"武器"——弯曲而且锐利的喙。

除此之外，红隼的嘴沿上还有凸起的齿状。在毛色单调的隼形目鸟类中，红隼的魅力非同一般，五彩的羽毛令它"隼中公主"的名号当之无愧。然而最使林耐感兴趣的倒不是红隼漂亮的体色，而是像它的学名所描绘的：它有一种"似铃而又似与人吵嘴"的"咔！一咔"的鸣声，尖锐而清越。

雀 鹰

基本特征

雀鹰是鹰科鹰属的小型猛禽，体长30~41厘米，雌雄差异较大。雄鸟上体鼠灰色或暗灰色，头顶、枕和后颈较暗，前额微缀棕色，后颈羽基白色，常显露于外，其余上体自背至尾上覆羽暗灰色，尾上覆羽羽端缀有白色；尾羽灰褐色，具灰白色端斑和较宽的黑褐色次端斑；另外还具4~5道黑褐色横斑；初级飞羽暗褐色，内翈白色而具黑褐色横斑；其中第五枚初级飞羽内翈具缺刻，第六枚初级飞羽外翈具缺刻；次级飞羽外翈青灰色，内翈白色而具暗褐色横斑；翅上覆羽暗

雀 鹰

灰色，眼先灰色，具黑色刚毛，有的具白色眉纹，头侧和脸棕色，具暗色羽干纹。下体白色，颏和喉部满布以褐色羽干细纹；胸、腹和两胁具红褐色或暗褐色细横斑；尾下覆羽亦为白色，常缀不甚明显的淡灰褐色斑纹，翅下覆羽和腋羽白色或乳白色，具暗褐色或棕褐色细横斑；尾羽下面亦具4~5道黑褐色横带。

雀鹰雌鸟体形较雄鸟为大。上体灰褐色，前额乳白色或缀有淡棕黄色，头顶至后颈灰褐色或鼠灰色，具有较多羽基显露出来的白斑，上体自背至尾上覆羽灰褐色或褐色，尾上覆羽通常具白色羽尖，尾羽和飞羽暗褐色，头侧和脸乳白色，微沾淡棕黄色，并缀有细的暗褐色纵纹。下体乳白色，颏和喉部具较宽的暗褐色纵纹，胸、腹和两胁以及覆腿羽均具暗褐色横斑，其余似雄鸟。幼鸟头顶至后颈栗褐色，枕和后颈羽基灰白色，背至尾上覆羽暗褐色，各羽均具赤褐色羽缘，翅和尾似雌鸟。喉黄白色，具黑褐色羽干纹，胸具斑点状纵纹，胸以下具黄褐色或褐色横斑。其余似成鸟。虹膜橙黄色，嘴暗铅灰色、尖端黑色、基部黄绿色，蜡膜黄色或黄绿色，脚和趾橙黄色，爪黑色。

生活习性

雀鹰栖息于针叶林、混交林、阔叶林等山地森林和林缘地带，冬季主要栖息于低山丘陵、山脚平原、农田地边、以及村庄附近，尤其喜欢在林缘、河谷，采伐迹地的次生林和农田附近的小块丛林地带活动。喜在高山幼树上筑巢。

雀鹰常单独生活，或飞翔于空中，或栖于树上和电柱上。飞翔时先两翅快速鼓动飞翔一阵后，接着滑翔，二者交互进行。飞行有力而灵巧，能巧妙地在树丛间穿行飞翔。雀鹰喜欢从栖处"伏击"捕食。它的飞行能力很强，速度极快，每小时可达数百千米。

雀鹰主要以鸟、昆虫和鼠类等为食，也捕鸠鸽类和鹑鸡类等体形稍大的鸟类和野兔、蛇等。在雀鹰的食物中，有5%是昆虫，15%是鸟类，80%是鼠类，堪称是鹰类中的捕鼠能手。雀鹰发现地面上的猎物后，就急飞直下，突然扑向猎物，用利爪捕猎，然后再飞回栖息的树上，用爪按住猎获物，用嘴嘶裂吞食。攻击鸡类等体形较大的猎物时，常采取反复进攻的手段，有时一两次仅能使猎物受到轻伤

雀 鹰

或散落一些羽毛，但在多次打击下，猎物也难免被击垮，失去抵抗能力，成为雀鹰的"盘中餐"。

雀鹰在中国有一部分是留鸟，一部分迁徙，春季四五月迁到繁殖地，雀鹰每年五月间进入繁殖期，此时雄鸟叫声频繁，十分洪亮，经常在空中边飞边叫。雄鸟和雌鸟有时在林地上空盘旋，有时穿梭于树林之间，互相追逐、嬉戏。

雀鹰北方亚种繁殖于我国东北各省及新疆西北部的天山；冬季南迁至中国东南部及中部以及台湾岛和海南岛。雀鹰南方亚种繁殖于甘肃中部以南至四川西部及西藏南部至云南北部；冬季南迁至中国西南。为常见森林鸟类。

繁殖期5—7月。营巢于森林中的树上，距地高4~14米。巢通常放在靠近树干的枝叉上。常在中等大小的椴树、红松树或落叶松等阔

雀 鹰

叶或针叶树上营巢，有时也利用其他鸟巢加以补充和修理而成。巢区和巢均较固定，常多年利用。巢呈碟形，主要由枯树枝构成，内垫有云杉小枝和卫茅等新鲜树叶。每窝产卵通常三四枚，偶尔有多至五六枚甚至七枚少至两枚。通常间隔一天产一枚卵。卵呈椭圆形或近圆形，鸭蛋青色、光滑无斑，大小为29.8×38.6毫米，重17~18克。雌鸟孵卵，雄鸟偶尔亦参与孵卵活动，孵化期32—35天。雏鸟晚成性，经过24—30天的巢期生活，雏鸟即具飞翔能力和离巢。

知识点

野 兔

　　野兔是指兔属下的动物及粗毛兔属与岩兔属中四个物种的合称。野兔十分灵活，中欧洲野兔能以时速72千米奔跑。野兔是独自或成对生活的。在北美洲的北极地区较为普遍的是白靴兔，南部则以加利福尼亚兔、草原兔及其他物种较为普遍。野兔一般都是害羞的动物，并会在春天改变其行为模式。雄兔会在白天互相追逐，来显示自己的优越性。而雌兔则会"拳击"雄兔，目的似乎是表示它们未有准备交配，或是测试雄兔的决心。

▶▶▶ 延伸阅读

天生丽质的鸟中之王——孔雀

　　孔雀被视为百鸟之王，是最美丽的观赏鸟，是吉祥、善良、美丽、华贵的象征。羽毛可用来制作各种工艺品。人工饲养的蓝孔雀，含有高蛋白、低能量、低脂肪、低胆固醇，可做为高档珍馐佳肴。

　　孔雀，因其能开屏而闻名于世。雄孔雀羽毛翠绿，下背闪耀紫铜色光泽。尾上覆羽特别发达，平时收拢在身后，伸展开来长1米左右，就是所谓的"孔雀开屏"。这些羽毛绚丽多彩，羽枝细长，犹如金绿色丝绒，其末端还具有众多由紫、蓝、黄、红等色构成的大型眼状斑，开屏时反射着光彩，好像无数面小镜子，绚烂夺目。它们身体粗壮，雄鸟长约1.4米，雌鸟全长约1.1米。头顶上那簇高高耸立着的羽冠，也别具风度。雌孔雀无尾屏，背面浓褐色，并泛着绿光，没有雄孔雀美丽。

蜂 鹰

基本特征

蜂鹰是鹰科蜂鹰属的鸟类，是一种中型猛禽，体长约 0.6 米，背部羽毛深褐色。脸部呈有小而致密的羽毛，看上去像鳞片一样。蜂鹰身长 52~60 厘米，翼展 135~150 厘米，体重 600~ 1000 克，寿命 29 年。雌鸟略比雄鸟更大。头小，雄性蓝灰色，而雌性的头部为棕色，头侧具有短而硬的鳞片状羽毛，而且较为

蜂 鹰

厚密，是其独有的特征之一。头的后枕部通常具有短的黑色羽冠，显得与众不同。虹膜为金黄色或橙红色，非常美丽。嘴为黑色，脚和趾为黄色，爪黑色。和普通鵟很相似。在空中的飞行时翅膀腾起显得平稳有力，有一个较长的尾巴，有两道狭窄黑暗的斑纹，身上的斑纹较鸢要少。

蜂鹰分布于欧亚大陆及非洲北部，包括整个欧洲、北回归线以北的非洲地区、阿拉伯半岛以及喜马拉雅山、横断山脉、岷山、秦岭、淮河以北的亚洲地区。非洲中南部地区，包括阿拉伯半岛的南部、撒哈拉沙漠（北回归线）以南的整个非洲大陆。

生活习性

蜂鹰栖息于不同海拔高度的阔叶林、针叶林和混交林中，尤以疏林和林缘地带较为常见，有时也到林外村庄、农田和果园等小林内活动，平时常单独活动，冬季也偶尔集成小群。飞行灵敏，多为鼓翅飞翔。常快速地扇动两

YIQI TANXUN NIAOLEI SHIJIE

翅从一棵树飞到另一棵树，偶尔也在森林上空翱翔，或徐徐滑翔，边飞边叫，叫声短促，像吹哨一样。有时也停息在高大乔木的树梢上或林内树下部的枝叉上。

蜂鹰是旅鸟，有很强的地理特征视觉记忆（山脉，河流等）磁性方向。这个物种能够准确定位飞行方向，可避免高飞飙升时大片的水域干扰迁徙路线。因此，蜂鹰可以跨越最窄的区域，如直布罗陀海峡、博斯普鲁斯海峡，或飞跃以色列，地中海。该蜂鹰被认为适应更广泛的栖息地，但一般来说，喜欢异国情调的林地和种植园。

蜂 鹰

当蜂鹰在树木繁茂的植被丛中飞行时，飞行高度通常相当低，在树冠中栖息，能够控制身体与尾巴下垂处于水平状态。栖息于稀疏的森林或林缘。多见单个在林缘活动。飞行具特色，振翼几次后便做长时间滑翔，两翼平伸翱翔高空。有偷袭蜜蜂及黄蜂巢的怪习。

蜂鹰主要以黄蜂、胡蜂、蜜蜂和其他蜂类为食，也吃其他昆虫和昆虫的幼虫，偶尔也吃小的蛇类、蜥蜴、蛙、小型哺乳动物、鼠类、鸟、鸟卵和幼鸟等动物性食物。通常在飞行中捕食，能追捕雀类等小鸟。大多在林中的树上或者地上觅食，常用爪在地面上刨掘蜂窝，就像家鸡刨食一样，啄食蜂巢中的各种食物，吃得津津有味。

蜂鹰筑巢于高大乔木上。5月下旬到6月产卵，每窝2～3枚，淡灰黄而带红褐色斑点。孵卵期30—35天，育雏期40—45天。繁殖期为4—6月。求偶时，雄鸟和雌鸟双双在空中滑翔，然后急速下降，再缓慢盘旋，两翅像背后折起6～7次。营巢于阔叶树或针叶树上，巢距离地面的高度为10～28米。巢主要枯枝构成，中间稍微下凹，形状为盘状，内放少许草茎和草叶，有时也利用鸢和苍鹰等其他猛禽的旧巢。

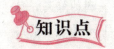

知识点

旅 鸟

旅鸟指迁徙中途经某地区，而又不在该地区繁殖或越冬，就该地区而言，这些鸟种即为旅鸟。候鸟在依不同季节而从一个栖居地飞到另一个栖居地的过程中，经过某些地区，不在这个地区繁殖，也不在这个地区过冬，这种候鸟就成为该地区的旅鸟。某些鹬类就是中国的旅鸟。

延伸阅读

鸟的构造

在自然界，鸟是所有脊椎动物中外形最美丽，声音最悦耳，深受人们喜爱的一种动物。从冰天雪地的两极，到世界屋脊，从波涛汹涌的海洋，到茂密的丛林，从寸草不生的沙漠，到人烟稠密的城市，几乎都有鸟类的踪迹。鸟是一类适应在空中飞行的高等脊椎动物，是由爬行动物的一支进化来的。现在已知最早的鸟是始祖鸟，1861 年在德国南部发现了第一个始祖鸟化石。始祖鸟既有鸟类的特征又与爬行动物有某些相似之处，所以它是鸟类由爬行类进化而来的一个强有力的证据。鸟的全身都生有羽毛，身体呈流线形，前肢变成翅膀，后肢形成支持体重的双脚，除极少数种类外都能飞翔。鸟的嘴叫喙，由于用喙在土壤中取食，喙一般狭长尖细，口中没有牙齿。鸟是恒温动物，体温较高，通常为42℃。鸟类的胸骨上有发达的龙骨突，骨骼中空充气，这是鸟类适应飞行生活的骨骼结构特征。

鸟类种类很多，在脊椎动物中仅次于鱼类。现在世界上已知的鸟类 9700 余种，中国有 1331 种。这些鸟在体积、形状、颜色以及生活习性等方面，都存在着很大的差异。在这么多的鸟类中，最大的要数鸵鸟，它是鸟中的巨人。

非洲鸵鸟体高2.75米，最重的可达165.5千克。最小的是南美洲的蜂鸟，体长只有50毫米，体重也就同一枚硬币一样重。鸟能飞翔，但并不是所有的鸟都可以飞起来。比如鸵鸟双翅已退化，胸骨小而扁平，没有龙骨凸起，不能飞翔。企鹅是特化了的海鸟，双翅变成鳍状，失去了飞翔能力。有的鸟虽然可以飞行但飞行的距离很短，如家鸡由于双翅短小，不能高飞。

鸣　禽

　　鸣禽指的是叫声好听。善于鸣叫的鸟类，能发出婉转动听的鸣声，故称鸣禽。这类鸟先天就有或后来学得有鸣歌能力，叫声悦耳，如伯劳、画眉、黄鹂等。属于这一类群的鸟，约占世界鸟类的$\frac{3}{5}$身体多为小型，体态轻捷，活动灵巧。嘴粗短或细长，脚短而细，三趾向前，另有一趾向后，善于营巢。分布于我国各省市，多为益鸟。如画眉、八哥、百灵、云雀、黄鹂、相思鸟、金丝雀、柳莺、大山雀、家燕等。

　　鸣禽是鸟类中最进化的类群。分布广，能够适应多种多样的生态环境，因此外部形态变化复杂，相互间的差异十分明显。大多数属小型鸟类；嘴小而强；脚较短而强。鸣禽多数种类营树栖生活，少数种类为地栖。

渡　鸦

基本特征

　　渡鸦是世界上最大的两种乌鸦之一，也是鸣禽中最大的鸟，成熟的渡鸦体长约有 56~69 厘米，最重纪录为 0.69~1.63 千克。渡鸦全身黑色，背部有光亮，嘴形粗大，最长者可达 85 毫米，易与其他乌鸦区分。渡鸦和乌鸦近缘，

渡 鸦

同属于鸦属。渡鸦的喙比乌鸦厚得多，羽衣更为蓬松，尤其是喉部的羽毛。渡鸦的羽毛光亮，还带有蓝色或紫色光辉。

渡鸦成鸟身长 56 ~ 69 厘米，翼展 116 ~ 118 厘米，体重 690 ~ 1600 克。是雀形目中最重的鸟类。在较冷的地区，如喜马拉雅山及格陵兰岛的渡鸦的体形和喙较大；而在温暖地区的渡鸦体形及喙的比例较小。渡鸦的喙很大并略微弯曲，楔形的尾巴明显分层，羽毛大部分黑色有光泽，虹膜深褐色。颈羽长尖，脚爪淡褐灰色。幼鸟的羽毛相似但较深，自颏至上胸、颈侧、下腹羽为黑褐，羽片松散，嘴、跗蹠和趾黑色。虹膜蓝灰色。

渡鸦很长寿，尤其是在笼子中或受保护的环境下。在伦敦塔中就有多于 40 岁的渡鸦。在野外的寿命则较短，一般只有 10—15 年的寿命。

生活习性

渡鸦可以在不同的气候下生存，这种鸦属中分布最广的物种遍布整个全北区，由北美洲的北极与温带栖息地及欧亚大陆，至北非的沙漠及太平洋的岛屿。无论是低海拔还是 5000 米以上的高度都有分布，在珠穆朗玛峰海拔高达 6350 米处也有其踪影。

渡鸦通常独栖，但可聚成小群活动觅食。偶成大群。渡鸦的求偶飞行十分壮观，包括高飞翱翔和各种复杂的空中特技动作。飞行有力，随气流翱翔，有时在空中翻滚。时常攻击并杀伤其他猛禽。渡鸦与其他鸦科鸟类一样，嘈杂，行动积极，是聪明的鸟类。它们的词汇很广泛，能发出大而多样的鸣叫声，渡鸦有着独特的深沉叫声，包括喉部发出的呱呱声、格格声、尖锐刺耳的金属声、高亢的敲打声、低沉的嘎嘎声及接近音乐的响声。资深的聆听者可以听出与其他鸦属的分别。

渡鸦杂食性极高。它们的饮食随着不同地区、季节而变更。例如，那些在阿拉斯加北湾冻土层觅食的渡鸦会通过捕猎来补充它们一半所需的能量，猎物主要是田鼠，而另一半则会是吃如驯鹿及岩雷鸟的腐肉来补充。

渡 鸦

在一些地方，它们主要是吃腐肉及连带的蛆及埋葬虫科。植物包括谷物、草莓及其他水果都会是它们的食粮。它们会捕猎无脊椎动物、两栖动物、爬行动物、细小的哺乳动物及鸟类。渡鸦亦会吃动物粪便内未经消化的部分，及人类的食物残渣。它们会储存过多的食物，尤其是包含脂肪的食物，并且会收藏在其他渡鸦看不到的地方。它们会抢走其他动物，例如北极狐的猎物。它们亦会在冬天跟踪其他犬科，例如狼，去偷窃其腐肉。

就像其他的鸦科，渡鸦可以模仿环境的声音，包括人类的说话。它们的发音很广阔，而这一直也是鸟类学家的研究兴趣。于1960年代初，有人替渡鸦录音及拍照。共有15～30类的渡鸦发音被录下来，大部分都是用作社交的。这些叫声包括有警报、追踪及打斗的叫声。非语音的声音包括有翼的啸音及喙的咬声。雌性比雄性会有更多的拍打声及咔嗒声。如果失去了伴侣，另一方会模仿伴侣的声音来呼唤对方。

知识点

喜马拉雅山

喜马拉雅山脉是世界海拔最高的山脉，位于亚洲的中国与尼泊尔之间，

在中国西藏和巴基斯坦、印度、尼泊尔和不丹等国境内，其主要部分在中国和尼泊尔交接处。西起克什米尔的南迦帕尔巴特峰（北纬35°14′21″，东经74°35′24″，海拔8125米），东至雅鲁藏布江大拐弯处的南迦巴瓦峰（北纬29°37′51″，东经95°03′31″，海拔7756米），全长2400千米。主峰珠穆朗玛峰海拔高度8844.43米，是世界最高峰。

 延伸阅读

狡猾、凶狠的渡鸦

渡鸦大脑比较发达，聪明，贪玩，而且非常狡猾。在加拿大有一种名叫渡鸦的鸟类，生性穷凶极恶，它除了经常啄食小动物外，连一些庞然大物的牲畜也常常遭其攻击而丧生。

据一位农场工人目击说，有一只渡鸦从灌木丛中猝然扑出，落到一头大母牛头顶，随即将牛眼啄出来、当母牛昏倒在地上时，成群的渡鸦从天而降，将牛团团围住，猛啄其眼睛和肛门，顷刻之间，母牛就成了渡鸦的牺牲品。据说在隆冬和早春季节，由于食物缺乏，渡鸦特别猖獗，上述这种情况便经常发生。

据鸟类学家说，加拿大渡鸦对牲畜的眼睛味道有着一种特殊的嗜好，而且其凶残行为已迅速扩展到其他渡鸦的群体之中，使牧场对它们这种危害行为一筹莫展。

据鸟类学家的研究，最饶舌的鸟并不是人们所说的喜鹊，而是乌鸦。在乌鸦的"语言"中，约有300种叫声和啼声。目前已弄懂了一些乌鸦"话语"，例如空泛失神的叫声是"全部乌鸦在原野上集合"之意。

各地区的乌鸦有各自的方言土语，例如美国密执安湖畔和意大利佛罗伦萨的乌鸦就没有共同的"语言"，谁也不懂谁的"话"。城市和农村的乌鸦相互之间都不能理解对方的"话语"。

有人曾把法国乌鸦的报警叫声录到磁带上，带到美国大陆多次播放，可是美国乌鸦对法国同胞发出的报警叫声却毫无反应。

百灵鸟

基本特征

百灵，属雀形目，百灵科。又名蒙古百灵、口百灵、蒙古鹨。

百灵成鸟体长约190厘米。体重约30克。雄鸟额部、头顶及后颈部均为栗红色；眼前、眼周及眉纹为棕白色，左右两侧眉纹延伸至枕部相接而现棕色；背、腰栗褐色；翅羽黑褐色；尾羽栗褐色尾稍边缘稍有发白；额、喉白色，上胸左右侧各有一条对称的黑色条斑，恰好和胸部以上的部分连接起来；额头部分和喉咙处都长有白色的羽毛，正好和身体以下棕白色的毛色衬托起来。

雌鸟羽色接近雄鸟，但头顶和颈部栗红色较少，羽色略近棕黄色；上体栗色较淡，而近于淡褐色；上胸左右两侧黑色条斑不明显。嘴壳土黄色，足趾肉粉色，爪褐色。后爪长于一般鸟类的后爪，并向后方直伸。

百灵鸟的舌上覆有角质鞘，舌的尖端分叉，每个叉的尖端又分两个小叉。它那发达的鸣管、鸣肌与灵巧的舌相配合，就能随心所欲，百啭千鸣了。

百灵鸟

生活习性

百灵主要分布于我国内蒙古、河北和青海，是草原上盛产的名贵鸟类。栖息于干旱山地、荒漠、草地或岩石上，非繁殖期多结群生活，常作短距离低飞或奔跑，取食昆虫和草籽。繁殖期5—7月，营巢于草丛基部的地面上，每窝产卵4~5枚，卵浅褐色或近白色，上密缀褐色细斑。

百灵鸟

它的叫声是"叽叽，唧唧"。百灵可以若无其事一动不动地学习许多鸟类和小动物们的声音，它的叫声响亮且能够维持很长时间，声音委婉动听，在高空中可以响彻云霄，关在笼子里它也能歌善舞，因此被为"鸟中歌手"。

百灵鸟的羽衣并不华丽，体色似麻雀，而它那音韵婉转多变、音域宽广，嘹亮悦耳的歌声博得了人们的喜爱，成了有名的笼养观赏鸟。百灵鸟生活在草原上，极善于在草原上飞翔、歌唱，载歌载舞。鸣叫时有各种优美的姿态伴随，如两翅展开，形似蝴蝶在花丛中飞舞，人们称之为"蝴蝶开"；尾巴向上翘起的，叫"元宝开"，两翅向外作飞势的，叫"凤凰展翅"；边飞边鸣的，叫"飞鸣"。

由于百灵鸟聪明伶俐，善鸣和效鸣，驯养百灵鸟在我国有悠久历史，经长久驯养和训练的百灵鸟，不仅能模仿各种动物的叫声，还能模仿人语，并能学会简单的歌曲。喜鹊、画眉、家鸡的叫声，猫、狗、马、牛、羊的叫声它都能学会。还会叫人的名字，叫人吃饭，说简单的词汇。百灵鸟能发出悦耳动听的歌声，又能像鹦鹉、八哥那样学舌。主要是由于它有发达的鸣管和鸣肌以及有一条灵巧的舌。

百灵给人类带来悦耳的歌声，使人心情舒畅，给生活增添无穷的乐趣。

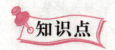

YIQI TANXUN NIAOLEI SHIJIE

昆 虫

昆虫是动物界中无脊椎动物的节肢动物门昆虫纲的动物,所有生物中种类及数量最多的一群,是世界上最繁盛的动物,已发现100多万种。其基本特点是体躯三段:头、胸、腹,两对翅膀三对足;一对触角头上生,骨骼包在体外部;一生形态多变化,遍布全球旺家族。昆虫的构造有异于脊椎动物,它们的身体并没有内骨骼的支持,外裹一层由几丁质构成的壳。这层壳会分节以利于运动,犹如骑士的甲胄。昆虫在生态圈中扮演着很重要的角色。虫媒花需要得到昆虫的帮助,才能传播花粉。而蜜蜂采集的蜂蜜,也是人们喜欢的食品之一。

⟩⟩⟩ 延伸阅读

最近鸟类灭绝的化石证据

不应该忽略1600年以前在人类历史中灭绝的鸟类,虽然现在对于那个时期鸟类生活的了解相对近代而言是很少的,以至于很多情况都无法确定,但是越来越多的证据表明,那个时期鸟类的灭绝也大多与人类的活动有关。古生物学家认为,这段灭绝的历史可以上溯到5万年前人类开始在地球上大规模扩散的时候。4.6万年前,人类从亚洲东南部进入了澳大利亚和新几内亚;1.32万年前,人类从亚洲东北部跨过白令海峡的陆桥进入了北美洲;1万年前,人类从欧洲南部航行到达了地中海上的岛屿;6000年前,印第安人从美洲大陆航行到达了西印度群岛;3500年前,玻利尼西亚人凭借着高超的航海技术开始在太平洋上扩张,占领了从夏威夷到新西兰的大部分岛屿;1500年前,玻利尼西亚人航行到了马达加斯加岛。根据现存的化石和半化石的材料可以肯定,

许多鸟类都是在古代人类到达它们的栖息地之后不久就灭绝了。根据骨骼、卵壳以及少量带有羽毛和肌肉的干尸残骸，可以肯定在新西兰的不同岛屿上、不同海拔高度范围内，曾经有若干种恐鸟生存过，个体大小 1～4 米，其中的苗条恐鸟是已知最高的鸟类。所有恐鸟都是不能飞甚至连翅膀也没有的鸟类，它们都被归入恐鸟科，现在难以确定这个科中究竟包含几个物种。大部分恐鸟都是在 1.6 千年以前灭绝的，可能有极少数个体生存到了 17 世纪初。有些学者甚至认为那种个体最小的、生活在偏远而寒冷的高海拔山区的小恐鸟一直生存到了 19 世纪。关于恐鸟灭绝的原因，学者们一致认为与新西兰原住居民——玻利尼西亚人或毛利人的捕杀有关，因为它们的骨骼碎片常常是在原住居民的厨房遗址中发现的。新西兰原来没有陆生哺乳动物，个体巨大的恐鸟可能是原住居民的重要肉食来源。另外一类无翅不能飞的巨型鸟类——象鸟，曾经生活在马达加斯加岛上，它们肯定是在 1600 年以前就被人类捕杀光了，现在只能找到一些骨骼碎片和卵壳。现在仍不能确定马达加斯加岛上究竟是只生存过一种还是若干种象鸟，它们都被归入象鸟科，其中的大象鸟是已知最重的鸟类，它产的卵是已知所有动物（包括恐龙）所产的卵中最大的。

每一个物种的灭绝，都是无法弥补的损失，都使地球生态系统失去了本应具有的一部分。地球生态系统现在已经千疮百孔了，如果物种大规模灭绝的趋势得不到控制，地球生态系统将会崩溃，人类也将处于灾难之中。今天，我们追忆近代灭绝的鸟类，就是希望从历史中汲取教训，保护现在仍然生存在地球上的物种，防止它们再因为人类的活动而灭绝。

 乌 鸦

基本特征

乌鸦是雀形目鸦科数种黑色鸟类的俗称，俗称"老鸹"、"老鸦"。乌鸦为雀形目鸟类中个体最大的，体长 400～490 毫米；羽毛大多黑色或黑白两色，黑羽具紫蓝色金属光泽；翅远长于尾；嘴、腿及脚纯黑色。

乌鸦共 36 种，分布几乎遍及全球。中国有 7 种，大多为留鸟。秃鼻乌鸦在中国东部至东北部广大平原地区高树上营群巢，是中国广大农村最常见的种类，全身羽毛黑色发亮，还带着紫色金属闪光。嘴巴长而粗壮，基部光秃，没有羽毛遮住鼻孔，所以叫它秃鼻乌鸦。冬季，秃鼻乌鸦常与其它乌鸦混在一起，成百上千只一群，且飞且鸣，发出"哇——哇——"的粗劣嘶哑声，使人感到又凄凉又厌烦，因此被认为是一种不祥之鸟。秃鼻乌鸦在高大的树上成

乌鸦

群筑巢，一棵树上就可多达 30 个鸦巢，国外还有高达 1200 个巢的记录。筑巢材料由雄鸟收集，雌雄鸟共同编巢。巢比较粗糙，形如箩筐，每窝产蛋 5～6 个，由雌鸟孵蛋，孵化期为 16—18 天，幼鸟出壳后由双亲共同哺育，过 29—30 天飞离出巢，自己觅食。春季，秃鼻乌鸦常集大群，啄食播种的玉米、高粱和花生，对秧苗也有危害；但在 5—7 月，随着虫子数量的增多，它们就主要吃农业害虫，而且衔回巢去喂幼鸟；在进入收割期的秋天，乌鸦对作物又有一定的危害；秋收之后和整个冬天，它们啄食散落田间的谷物以及地下害虫。

生活习性

乌鸦为杂食性，吃谷物、浆果、昆虫、腐肉及其他鸟类的蛋。虽有助于防治经济害虫，但因残害作物，故仍为农人捕杀的对象。主要在地上觅食，步态稳重。喜群栖，有时数万只成群，但多数种类不集群营巢。每对配偶通常各自将巢筑于树的高枝上，产 5～6 个带深斑点的浅绿至黄绿色蛋。野生的乌鸦可活 13 年，而豢养者寿命可达 20 多年。某些供玩赏的笼养乌鸦会"说

话"，有的实验室饲养的乌鸦能学会计数到 3 或 4，并能在盒内找到带记号的食物。

除少数种类外，乌鸦常结群营巢，并在秋冬季节混群游荡，行为复杂，表现有较强的智力和社会性活动力。鸣声简单粗厉。杂食性，很多种类喜食腐肉，并对秧苗和谷物有一定害处。但在繁殖期间，主要取食小型脊椎动物、蝗虫、蝼蛄、金龟甲以及蛾类幼虫，有益于农业。此外，因喜腐食和啄食农业垃圾，能消除动物尸体等对环境的污染，起着净化环境的作用。一般性格凶悍，富于侵略习性，常掠食水禽、涉禽巢内的卵和雏鸟。

繁殖期的求偶炫耀比较复杂，并伴有杂技式的飞行。雌雄共同筑巢。巢呈盆状，以粗枝编成，枝条间用泥土加固，内壁衬以细枝、草茎、棉麻纤维、兽毛、羽毛等，有时垫一厚层马粪。每窝产卵 5~7 枚。卵灰绿色，布有褐色、灰色细斑。雌鸟孵卵，孵化期 16—20 天。雏鸟为晚成性，亲鸟饲喂一个月左右方能独立活动。

乌鸦终生一夫一妻。

知识点

雀形目

雀形目属鸟纲中的一目，该目种数最多，占鸟类全部种类的一半以上。所属鸟类体形一般较小，外部形态和习性都有极大的多样性，大多巧于在树木或灌丛间营巢，雏鸟为晚成性；鸣肌发达，大都善于鸣叫；喙、翼变化甚大；腿较细短；嘴全部角质，嘴基无蜡膜；足趾有四，均于一平面上，三趾向前，一趾向后，适于树栖；后爪较其他爪为长，无距。雀形目共有 64 科；中国占 34 科，不少于 650 种。

延伸阅读

YIQI TANXUN NIAOLEI SHIJIE

世界上最聪明的鸟

到目前为止莱菲伯弗尔的研究发现，世界上最聪明的鸟可能并非你我想象中的、可以学舌的鹦鹉，而是普普通通的乌鸦。不要对此大惊小怪，乌鸦很具创新性，它们甚至可以"制造工具"完成各类任务。

在乌鸦当中，智商最高的要属日本乌鸦。在日本一所大学附近的十字路口，经常有乌鸦等待红灯的到来。红灯亮时，乌鸦飞到地面上，把胡桃放到停在路上的车轮胎下。等交通指示灯变成绿灯，车子把胡桃辗碎，乌鸦们赶紧再次飞到地面上美餐。

但是仅仅一个例证，即使再具说服力，可能也不足以下结论。莱菲伯弗尔需要在世界各地，在各种物种间，寻找更多的例证。

在奥托·科勒研究所工作的库尔特·西曼研究鸟类计数能力，在一次实验中他给一只寒鸦看一张标有5个点的小卡片，根据乌鸦的学习和计数能力它应该正确数出5粒麦粒：将一排盖着盖儿的小盒子依次打开，把里面的麦粒啄出来，啄够5粒后离开。这次实验中寒鸦在第一只盒子里找到一粒，第二只盒子里找到两粒，第三只盒子里又找到一粒。之后打开了第四个盒子，这个盒子是空的。接下来它打开了第五个盒子并啄出了一粒。共找到5粒。

根据乌雅的行为，生物学家的无数次实验，可以证实乌鸦是可以数到7的，其他个别几种鸟类也可以。这足以证实这种鸟的智力。如果以同样的方法叫人计数：给你一些没有规律杂乱排列的点，禁止去数而是去看。可以肯定人类也只能准确的识别7以下的数目。

过去几年的有关研究最终提供了一些确凿证据，证明乌鸦的确是非常有智慧的动物，因为它们能利用逻辑推理来解决问题。此外，研究者们还惊奇地发现，乌鸦能够辨别不同的个体，这种能力与人类的辨识能力十分相似，如果没有这种能力，人类就无法形成社会，最多只能形成类似昆虫那样的小群落。

 八哥

基本特征

八哥为雀形目、椋鸟科、八哥属鸟类的通称。本种鸟类通体黑色，粗看起来颇似乌鸦，但与乌鸦有着显著的区别，首先八哥体形较各类乌鸦均远远为小（大嘴乌鸦体长50厘米；八哥体长25厘米），其次八哥喙足均为鲜黄色。本物种在喙与头部的交接处有着明显的额羽，细看头颈部的体羽，黑色中有绿色的金属光泽闪动，初级覆羽和初级飞羽的基部均为白色，因此在飞行过程中两翅中央有明显的白斑，从下方仰视，两块白斑呈"八"字型，这也是八哥名称的来源，两块白斑与黑色的体羽形成鲜明的对比也是八哥的一个重要辨识特征；尾羽端部白色。本物种的亚成体额羽不发达，体羽颜色也不似成鸟那般黑得很成熟，略呈咖啡色，八哥幼鸟期的虹膜为蓝灰色，大约45天后逐渐呈橘黄色。

八哥

生活习性

八哥原本分布于中国南部及印度支那半岛，是典型的东洋界鸟类。但非法鸟类贸易使八哥迅速扩散，现在在菲律宾及加里曼丹岛有引入种群，而在淮河以北的中国北方地区八哥也逐渐成为常见的留鸟。广泛分布于华南和西南台湾、海南岛等地区。

八哥栖居平原的村落、田园和山林边缘，性喜结群，常立水牛背上，或集结于大树上，或成行站在屋脊上，每至暮时常呈大群翔舞空中，噪鸣片刻后栖息。夜宿于竹林、大树或芦苇丛，并与其他椋鸟或乌鸦混群栖息。

八哥食性杂，往往追随农民和耕牛后边啄食犁翻出土面的蚯蚓、昆虫、蠕虫等，又喜啄食牛背上的虻、蝇和壁虱，也捕食象虫、蝗虫、金龟、蝼蛄等。八哥的植物性食物多数是各种植物及杂草种子，以及榕果、蔬菜茎叶。

八哥4—7月繁殖，每年两巢，巢无定所，常在古庙和古塔墙壁的缝隙、屋檐下、树洞内，有时就喜鹊或黑领椋鸟的旧巢加以整

八 哥

理，或借用翠鸟之弃穴。巢形大而不整，略呈浅盂状，由稻草、松叶、苇茎、羽毛、软毛及其他废屑堆积而成。产卵4~6枚，卵呈辉亮的玉蓝色。

知识点

蚯 蚓

蚯蚓是对环节动物门寡毛纲类动物的通称。在科学分类中，它们属于单向蚓目。身体两侧对称，具有分节现象；没有骨骼，在体表覆盖一层具有色素的薄角质层。除了身体前两节之外，其余各节均具有刚毛。雌雄同体，异体受精，生殖时借由环带产生卵茧，繁殖下一代。目前已知蚯蚓有200多种，1837年被生物学家达尔文称之为地球上最有价值的动物。蚯蚓在中药里叫地龙（开边地龙、广地龙），《本草纲目》称之为具有通经活络、活血化瘀、预防治疗心脑血管疾病作用。

鹩　哥

鹩哥，又叫秦吉了、九官鸟、海南鹩哥、海南八哥、印度革瑞克，是雀形目椋鸟科的许多亚洲种鸟类的统称，外形略似鸦。鹩哥是大型、鸣叫型笼养观赏鸟。其歌声嘹亮婉转、富有旋律，并善于模仿其他鸟鸣声，经过训练还能模仿人语，学唱简单歌曲。

南亚鹩哥是有名的能学说话的鸟。体长约 25 厘米，黑色有光泽，翅有白块斑，黄肉垂，嘴和脚淡橙色。野生的咯咯地或尖声鸣叫，笼养的能模仿人说话，比它的主要对手灰鹦鹉学得还像。家八哥约 20 厘米长，黑、棕色，翅和尾有白色，眼周围有橙色皮肤；已引入澳大利亚、新西兰和美国夏威夷。

极乐鸟

极乐鸟，又名天堂鸟、太阳鸟、风鸟、雾鸟。与乌鸦是远房的"亲戚"。据统计，全世界共有 40 余种天堂鸟，主要分布于新几内亚及其附近岛屿，仅有少数种类见于澳大利亚北部和马鲁古群岛。在巴布亚新几内亚就有 30 多种。

极乐鸟在地跨亚洲与大洋洲之间的伊利安岛及澳大利亚东南部，盛产在巴布亚新几内亚。极乐鸟爱顶风飞行，所以又称风鸟。体长 17 ~ 120 厘米；嘴脚强健。大多数种类的雄鸟有特殊饰羽和彩色鲜艳的羽毛。从 500 多年以前起，西欧妇女就以它们的饰羽作为帽饰。由于它的羽毛鲜艳无比，体态华丽绝美，人们又称其为"天堂鸟"、"太阳鸟"、"女神鸟"等，是世界上著名的观赏鸟。

极乐鸟的全身大部分为深褐色，头部为金绿色，身体两侧生长着闪闪发光的深黄色长绒毛。尾部有两根长羽毛，更显得美丽动人。在巴布亚新几内亚的依里安岛东部及其附近的岛屿上，生长着一种奇异美丽的极乐鸟。极乐鸟是世界上最美丽的鸟儿。它身体的彩色的羽毛，就象五彩织绵一般光滑艳丽。

生活习性

极乐鸟生活在人迹罕至的高山丛林中，人们常常看见这种美丽的鸟儿在天空飞翔，而不知道它飞向何方，于是就产生了一个美丽的传说：极乐鸟是住在"天国乐园"里以天露蜜为食的一种"神鸟"。

极乐鸟

极乐鸟一般多单个或成对生活。多在树枝上营巢，用细枝筑成巨大的盆状物。食物为果实、浆果、无花果、昆虫及其幼虫、蜥蜴。镰啄极乐鸟会像啄木鸟一般撬开树皮，啄食昆虫及蠕虫。

极乐鸟就非常能歌善舞。每年夏天，是极乐鸟的婚配时期。雄鸟们常常在云雾弥漫的黎明时分，成群地聚集在一起，展翅摆尾，翩翩起舞，在树枝间轻盈地跳来蹦去，引吭高歌。极乐鸟因此又被称为雾鸟、太阳鸟。在曦微的晨光中，极乐鸟显得越发的色彩斑斓，娇艳夺目。

种类

极乐鸟有许多种类，其中最著名的要数无足极乐鸟、王极乐鸟和镰啄极乐鸟。

无足极乐鸟

无足极乐鸟在飞行中，由于它的脚被羽毛遮盖起来了，被人们误认为是没有足的鸟，因此，它不是栖息在地面，而是居住在"天堂"上，所以又被叫作天堂鸟。

无足极乐鸟身长约60厘米，头和颈呈黄绿色，腹部为葡萄红色，脊背和尾巴则是鲜明的栗色，在身体的两旁还生长着长长的金桂色绒羽。当无足极乐鸟翩翩起舞的时候，绒羽就会竖立起来，像是两面金光四射的扇形屏风。

王极乐鸟

王极乐鸟比无足极乐鸟体形要小得多，长约20厘米，背部为深红色，腹部为雪白色，雄鸟还另外有两根丝状的绿色尾羽，在顶端的地方卷曲成了一个金盘。

极乐鸟

王极乐鸟常常是雌雄比翼，双双迎风飞翔，所以又被叫作风鸟。王极乐鸟喜欢独来独往，孤芳自赏，从来不跟其他种类的极乐鸟共栖同飞。不过，当极乐鸟群迁徙的时候，王极乐鸟却总是在前面引路，显出一派王者风范。

镰啄极乐鸟

镰啄极乐鸟长有一个长约10厘米的镰刀似的嘴巴。雄鸟在两只正翅膀之外，还生有一对副翅膀。正翅膀是用来飞翔的，而副翅膀则是用来求偶的。平时，副翅膀藏在正翅膀下面，在求爱的时候才张开来，以炫耀自己的美丽。镰啄极乐鸟常常在2000米以上的山巅自由飞翔，它们的窝巢也筑在高山上的密林中。

知识点

羽 毛

羽毛是禽类特有的表皮衍生物，几乎覆盖禽体全身。中间为空隙，以减轻羽毛的质量。质轻坚韧，富有弹性和保暖性。加工精选的羽毛洁净而具光泽，有较高的经济价值。

鸟的羽毛轻而耐磨，是热的不良导体。飞羽与尾羽对飞翔有很大意义。鸟类对羽毛常加洗浴，抖掉羽毛间的尘埃，并用嘴梳整，啄尾脂腺分泌的油脂涂抹全身羽毛。

▶▶▶ 延伸阅读

来自天堂的快乐鸟

极乐鸟是巴布亚新几内亚国鸟。巴布亚新几内亚人民最推崇的有三种东西，即天堂鸟、鳄鱼和男人雕刻像。极乐鸟是巴布亚新几内亚独立、自由的象征。他们把极乐鸟印在国旗上，刻在国徽上。巴布亚几新内亚航空公司的飞机尾部上也印有一只展翅飞翔的蓝色极乐鸟。

1522 年，西班牙"维多利亚"号船长艾尔·卡诺率领他的船队从摩鹿加群岛（位于马来群岛中，现属印度尼西亚）返回西班牙，卡诺船长除运回大批香料外，还给国王带回五张美丽绝伦的鸟皮。当他把这美丽的礼物献给国王时，朝臣们个个看得目瞪口呆——这种鸟实在是太美了！一时间，人们纷纷传说，卡诺船长带回来的是来自天堂里的鸟。

当然，这种鸟不可能来自天堂，但人们一时又无法找到它们的行踪。直到1824 年，自然科学家里内·李森在巴布亚新几内亚的热带森林中亲手采集到"来自天堂里的鸟"的标本，这时人们才知道这种鸟来自巴布亚新几内亚热带

YIQI TANXUN NIAOLEI SHIJIE

丛林。不过，由于欧洲人自16世纪以来一直把这种鸟称作 birds of paradise（意思是"天堂里的鸟"），因此这个名字一直沿用至今。为了简明起见，我国鸟类学家把这种鸟叫作极乐鸟，这是因为人们认为天堂是极乐世界。

琴 鸟

基本特征

　　琴鸟体形较大，通体浅褐色。雄鸟有长达70厘米，宽3.5厘米的竖琴形美丽尾羽，最外侧的尾羽先端外卷成弧形，上缀金褐色冠状斑，边缘黑色，一侧银白色，另一侧有多数金褐色的新月形斑纹，构成"琴"的两臂；中间12枚尾羽微白色，羽枝稀疏，纤细如丝；还有两枚触角状羽，羽毛等长，金属丝状，窄而硬，微弯曲，相当于琴弦，位于弯曲的两"臂"的中部。琴鸟是雀形类中身体最长的鸟。雌鸟除尾羽外，形似雄鸟。琴鸟的喙坚而

琴 鸟

直，足健善走，很少飞行。

生活习性

　　琴鸟栖息活动于热带雨林、阴暗潮湿的桉树森林、林地和蕨类沟壑。大部分时间在树上栖息，夜间下到地面上活动。雄琴鸟以求偶时炫耀的姿态和富于模仿的鸣叫而闻名。雄鸟炫耀时，在森林中几块小空地上把尾伸向前方，使两条白色长羽盖在头上方，而琴状羽向侧方竖起，一面有节奏地昂首阔步，一面鸣啭，间或惟妙惟肖地模仿其他生物（甚至机械的）声音。

琴鸟除了在求爱时演出外，还乐意给一种园丁鸟当婚宴上的"乐队"，这种园丁鸟不会唱歌，要举行"结婚仪式"就得请琴鸟来配合。它们不愧为鸟族合作的模范。

琴鸟不仅是鸟中"西施"，还是位"歌唱家"，它鸣声很像铜铃，悦耳动听。会模仿各种鸟声、动物叫声与物体响声，如马嘶声、狗吠声、羊叫声、伐木声以及汽车的喇叭声等，甚至还会

琴　鸟

学人说话。歌声婉转动听，舞姿轻盈合拍，是澳洲鸟类中最受人喜爱的珍禽之一。

这种鸟能飞善走，以昆虫、蠕虫和其他软体动物为食，它是澳大利亚的特产，也是世界上不可多得的稀有珍禽，受到国家的保护。

琴鸟冬季繁殖。雄琴鸟在繁殖季节有一个惊奇的习性——建造山丘，有的甚至会在一平方千米的林间地上建造十几个相似的土丘，用以标志它的领域，警告别的雄琴鸟不得侵入。土丘造完后，雄琴鸟便开始炫耀表演。一般表演的时间是在清晨或黄昏。

雄鸟以娓娓动听的歌声、优美的舞姿以及漂亮艳丽的琴尾，频频开屏向雌鸟求爱，一会儿站在树枝引吭高歌，一会儿又跳到地面展开美丽的尾羽，反复表演，直至雌鸟来临，雄鸟的尾羽便朝着雌鸟快速颤抖、滑动，不断地展示那美丽的尾羽。

一只雄鸟要占方圆几百米的领地，表演的舞台它可以建上10多个，轮流去表演一番。由于琴鸟繁殖慢，数量少，也因为它的美丽动人，特别受到当地人的珍爱和保护。

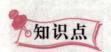
知识点

热带雨林

　　热带雨林主要分布于赤道南北纬5°～10°以内的热带气候地区。这里全年高温多雨，无明显的季节区别，年平均温度25℃～30℃，最冷月的平均温度也在18℃以上，极端最高温度多数在36℃以下。年降水量通常超过2000毫米，有的竟达6000毫米，全年雨量分配均匀，常年湿润，空气相对湿度95%以上。热带雨林为热带雨林气候及热带海洋性气候的典型植被。

　　世界上三大热带地区都有它的分布。最大的一片在美洲，南美洲亚马孙河流域目前还保存着40 000平方千米面积，约占热带雨林总量的一半，即约占世界阔叶林总量的六分之一。第二大片是热带亚洲的雨林，面积有20 000平方千米。第三大片是热带非洲刚果盆地雨林，面积18 000平方千米。它们都是在赤道附近的雨林气候下形成的。中美洲东岸及西印度群岛、澳大利亚东北部、马达加斯加岛东岸、巴西东南部的雨林则发育于热带海洋性气候。

▶▶▶ 延伸阅读

传说中的百鸟之王——凤凰

　　凤凰是中国神话传说中的神异动物和百鸟之王；和龙一样为汉族的民族图腾，亦称为朱雀、朱鸟、丹鸟、火鸟等，在西方神话里又叫火鸟、不死鸟，形象一般为尾巴比较长的火烈鸟，并周身是火，估计是人们对火烈鸟加以神话加工、演化而来的。神话中说，凤凰每次死后，会周身燃起大火，然后其在烈火中获得重生，并获得较之以前更强大的生命力，称之为"凤凰涅槃"。如此周而复始，凤凰获得了永生，故有"不死鸟"的名称。

凤凰和麒麟一样，是雌雄统称，雄为凤，雌为凰，其总称为凤凰，因此凤凰一词为合成词结构。凤凰齐飞，是吉祥和谐的象征。它跟龙的形象一样，愈往后愈复杂，有了鸿头、麟臀、蛇颈、鱼尾、纹、龟躯、燕子的下巴、鸡的嘴。自古以来凤凰就成了中华民族文化中的重要组成部分。凤凰在中国来说，是一种代表幸福的灵物。

在古代，凤凰是尊贵、崇高、贤德的象征，含有美好而又不同凡俗之意，人们出于对美好事物的向往和追求，把一些山川城邑以"凤凰"命名。据有关的资料记载，在我国大陆上，当今有42座山叫作凤凰山。它们的名称由来，或者因其状似腾飞、似蹲伏的大鸟；或者因古代神话、民间传说而得名。这种重名之广，是很少见的，可谓是"九州凤凰多"，这些凤凰山分布近20个省，遍及全国各地区。

黄鹂鸟

基本特征

从南到北的祖国大地上，在村庄附近、山地森林里，夏天常见到一种鸽子大小的鸟，全身几乎都是金黄色，只有自鼻孔起横过眼睛直达头后枕部有一黑环，所以叫"黑枕黄鹂"。翅和尾羽毛黑色，但都有黄色边缘。亮黄色的身躯穿梭于绿林之中，极为美丽。唐诗中的"两个黄鹂鸣翠柳，一行白鹭上青天"给人们引入诗情画意之中。

黄鹂科鸟类的通称。羽色鲜黄。共有2属29种。中国有6种。为中

黄鹂鸟

型雀类。嘴与头等长，较为粗壮，嘴峰略呈弧形、稍向下曲，嘴缘平滑，上嘴尖端微具缺刻；嘴须细短；鼻孔裸出，上盖以薄膜。翅尖长，具10枚初级飞羽，第一枚长于第二枚之半；尾短圆，尾羽12枚。跗蹠短而弱，适于树栖，前缘具盾状鳞，爪细而钩曲。雌雄羽色相似但雌羽较暗淡。幼鸟具纵纹。

黑枕黄鹂为典型代表。黑枕黄鹂又称黄莺，体长22～26厘米，通体鲜黄色，自脸侧至后头有一条宽黑纹，翅、尾羽大部为黑色。嘴较粗壮，上嘴先端微下弯并具缺刻，嘴色粉红。翅尖而长，尾为凸形。腿短弱，适于树栖，不善步行。腿、脚铅蓝色。雌鸟羽色染绿，不如雄鸟羽色鲜丽；幼鸟羽色似雌鸟，下体具黑褐色纵纹。

生活习性

黄鹂属鸟类为著名食虫益鸟，羽色艳丽，鸣声悦耳动听。黄鹂胆小，不易见于树顶，但能听到其响亮刺耳的鸣声而判知其所在。主要见于温暖地区，于林地、花园觅食昆虫，某些种亦食果实。

黄鹂营巢在高大的阔叶树上，如梨树、栗树、杏树等。巢一般筑于约距地面3.3～5.7米高处，在近树梢而又远离树干的水平细枝上。巢呈吊篮式，由麻丝、碎纸、棉絮、草茎等编成。每窝产卵2～4枚，卵为近椭圆形，呈粉红色，而缀以稀疏的紫红色斑点。产卵完毕后，即开始孵卵，由雌鸟担任，孵化期约14—16日。雏鸟第七天才睁眼，食物全部都是昆虫。

黄鹂鸟

大多数为留鸟，少数种类有迁徙行为，迁徙时不集群。栖息于平原至低山的森林地带或村落附近的高大乔木上，树栖性，在枝间穿飞觅食昆虫、浆果等，很少到地面活动。栖树时体姿水平，羽色艳丽，鸣声悦耳而多变。飞行姿态呈直线形。

雄鸟在繁殖期鸣声清脆悦耳。在高树的水平枝杈基部筑悬巢，雌雄共同以树皮、麻类纤维、草茎等在水平枝杈间编成吊篮状悬巢。多以细长植物纤维和草茎编织而成，结构紧密。每窝产卵 4～5 枚，粉红色具玫瑰色疏斑，卵壳有光泽。由雌鸟孵卵，卵的孵化期 13—15 天；育雏由两性担任，雏鸟在巢期 14—15 天；雏鸟离巢后尚需双亲照料 15 天左右。

黄鹂不仅长得漂亮、唱得好听而且能消灭大量农林害虫，如在育雏期间 95% 以上的食物是松毛虫、橘叶蛾、蝗虫、椿象、金龟子、地老虎等害虫，对农林业带来很大益处。

人工喂养黄鹂时应该注意，刚捕获的野生黄鹂，常会因胆怯而拒食，营养得不到补充、渐渐体力衰竭而死亡，故开始宜人工填喂。一般填喂长 2 厘米、宽 1.5 厘米外裹点颏粉的瘦猪肉或牛、羊肉条，每天 4 次。填喂时要注意，不要掰伤鸟嘴，应放到鸟口腔内后任其吞食，不要硬塞进食道。同时，在食罐内放入粥状点颏粉，表面撒上一些黄粉幼虫，诱其啄食，并且不放水罐，促使黄鹂饮食罐中表层的水、利于"换食"。随着黄鹂自己取食情况，逐渐减少人工填食次数，一般 7—10 天即可达到完全自己取食。在黄鹂"换食"期间，笼内宜暗，可用画眉的板笼或用其它用笼罩套起的鸟笼。初期尽量保持安静，除填食外不要轻易窥探或惊动，待能自取食后，再逐渐打开笼罩。

黄鹂属软食鸟，日常饲养可以鸡蛋大米为常备饲料，但每天上、下午要各喂一次软料，即肉末、熟鸡蛋、水果块（0.5×0.5 厘米）拌粉料（蛋鸡料或点颏粉），而且量要足，鸡蛋大米只是用来"接短"。

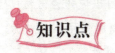
知识点

蝗 虫

蝗虫又名"草螟"、"蝈蚂"、"蚂蚱"等，节肢动物门、昆虫纲、直翅目、蝗科以及螽斯科昆虫的总称。数量极多，生命力顽强，能栖息在各种场所。在山区、森林、低洼地区、半干旱区、草原分布最多。植食性。大多数

是作物的重要害虫。在严重干旱时可能会大量爆发，对自然界和人类形成灾害。幼虫只能跳跃，成虫可以飞行，也可以跳跃。

鸟类翅膀的奥秘

鸟的翅膀是飞行的基本结构。翅膀外面覆盖硬羽，其特性适于飞行。翅膀的形状由羽毛决定，使鸟能够飞行。随着羽毛向下拍动，其翅膀下的空气就形成一种推动力，称为阻力。并且由于飞行羽毛羽片的大小不同，羽片两边的阻力也不同。

飞鸟的翅膀分为四种类型。起飞速度高的鸟类其翅膀为半月形，如雉类、啄木鸟和其他一些习惯于在较小飞行空间活动的鸟类。这些鸟的翅膀在羽毛之间还有一些小的空间，使它们能够减轻重量，便于快速行动。但这种翅膀不适合长时间飞行。

褐雨燕、雨燕和猛禽类的翅膀较长、较窄、较尖，正羽之间没有空隙。比较"厚实"的翅膀会向后倒转，类似于飞机的两翼，可以高速飞行。

其他两种翅膀是"滑翔"翅和"升腾"翅，外形类似，但功能不同。滑翔翅以海鸟为代表，如海鸥等，翅膀较长、较窄、较平，羽毛间没有空隙。在滑翔飞行期间，鸟不用扇动翅膀，而是随着气流滑翔，这样可以使翅膀得到休息。滑翔时，鸟会向下落得越来越低，直到必须开始振动翅膀停留在空中为止。在其他时间，滑翔翅鸟类则在热空气流上高高飞翔几个小时。

升腾翅结构以老鹰、鹤和秃鹫为代表。与滑翔翅不同的是，升腾翅羽毛间有较宽的空间，且较短，这样可以产生空气气流的变化；羽毛较宽，使鸟能承运猎物。此外，这些羽毛还有助于增加翅膀上侧空气流动的速度。当鸟将其羽毛的顶尖向上卷起的时候，可以使飞行增加力量，而不需要拍打翅膀。这样，鸟就可以利用其周围的气流来升腾，而毫不费力。升腾鸟类还有比较宽阔的飞行羽毛，这样可以大大增加翅膀的面积，可以在热空气流上更轻松地翱翔。

在升腾和滑翔的时候，鸟会充分利用上升热气流上升。这些气流使鸟可以"停留"在向上升起的气流柱上。许多鸟都发现了这种上升热气流，并加以利用来维持超常的向上运动。许多鸟在上午9—10时都停留在地面，等待这种上升热气流的出现。

画 眉

基本特征

画眉是中国常见的鸣禽。鸣声洪亮，婉转动听，并能仿效多种鸟的叫声。还会学人话，猫狗叫，笛声等各种声音。

画眉也有人叫虎鸫、金画眉。分类在雀形目鹟科画眉亚科。主要生长在中国的江苏、浙江、安徽、湖北、四川、云南、贵州、陕西等地，台湾地区也有，但外表略有不同。为广州市市鸟。该鸟为普遍性留鸟，主要栖息于海拔1000米以下之山丘的浓密灌木林中，喜欢在晨昏时于枝头上鸣唱。

画 眉

画眉体长约24厘米。体重50～75克。上体橄榄褐色，头和上背具褐色轴纹；眼圈白、眼上方有清晰的白色眉纹，向后延伸呈蛾眉状的眉纹；画眉的名称由此而来。下体棕黄色，腹中夹灰色。

画眉鸟雌雄差异较大，雄画眉鸟一般说来体形比雌画眉鸟为大；胸肌因经常鸣叫锻炼，亦比雌鸟为发达；抓在手上，用两只手指捏住画眉双脚时，其挣脱力量也明显大于雌鸟；雄鸟的毛比雌鸟紧；雄鸟体形修长，而雌鸟短

而胖。

以头部形状区别，雄性头大而长；而雌鸟则圆而小；雄鸟的头门较宽，即两眼间距离较宽，而雌鸟的头门则窄狭。雌鸟的羽色比雄鸟的美丽。而在阳光照射下，可见雄鸟的羽毛比雌鸟的羽毛更富有光泽。雄鸟的大腿和跗，要比雌鸟显得粗壮有力，后趾下面的肉瘤也要比雌鸟稍大。雄画眉与雌画眉在触须的排列上有别，雄鸟排列既细且直，而雌鸟则显得粗而规则。

生活习性

画眉生活于中国长江以南的山林地区，喜在灌丛中穿飞和栖息，常在林下的草丛中觅食，不善作远距离飞翔。雄鸟在繁殖期极善鸣啭，声音十分宏亮，古人称其叫声为"如意如画眉鸟意"。杂食性，但在繁殖季节嗜食昆虫，其中有很多是农林害虫，如蝗虫、蝽象、松毛虫以及多种蛾类幼虫等；在非繁殖季节以野果和草籽等为食，偶尔也啄食豌豆及玉米等幼苗。画眉为珍贵笼鸟，也是自然界内保护农林的益鸟，近年来各地鸟市上捕捉和出售的画眉数量十分众多，应该根据具体情况适当控制，以防资源受到破坏。画眉多栖居在山丘灌丛和村落附近或城郊的灌丛、竹林或庭院中。喜欢单独生活，秋冬结集小群活动。性机敏胆怯、好隐匿。常立树梢枝杈间鸣啭，引颈高歌，音韵多变、委婉动听，尤其是在2—7月间，喜欢在傍晚鸣唱。

画眉在4—7月繁殖，营巢于地面草丛中、茂密树林和小树上。巢呈杯状或碟状，由树叶、竹叶、草、卷须等构成，内铺以细草、松针、须根之类。每年产卵2巢，每巢3～5枚卵。卵一般为椭圆

画　眉

形，呈宝石蓝绿色或玉蓝色，带有光泽，卵的平均大小为 26×20 毫米。

画眉也很善于模仿，但时间长了就又会忘掉，尤其是每年经过换羽期之后，鸣叫的排列顺序也不像百灵那样稳定，为了使画眉保持终生有较多的"叫口"，养鸟的人要多养几只，而且经常要提着笼子到外面溜溜，让它听听其他画眉或其他鸟的鸣叫，有利于学到更好、更多的鸣叫声。

知识点

鸣　禽

鸣禽为雀形目鸟类，种类繁多，包括 83 科。鸣禽善于鸣叫，由鸣管控制发音。鸣管结构复杂而发达，大多数种类具有复杂的鸣肌附于鸣管的两侧。鸣禽是鸟类中最进化的类群。分布广，能够适应多种多样的生态环境，因此外部形态变化复杂，相互间的差异十分明显。大多数属小型鸟类；嘴小而强；脚较短而强。鸣禽多数种类营树栖生活，少数种类为地栖。

▶▶▶ 延伸阅读

蜂　鸟

蜂鸟是世界上最小的鸟类，大小和蜜蜂差不多，身体长度不过 5 厘米，体重仅 2 克左右，主要分布在南美洲和中美洲的森林地带。由于它飞行采蜜时能发出嗡嗡的响声，因而被人称为蜂鸟。蜂鸟种类繁多，约有 300 多种，羽毛也有黑、绿、黄等十几种颜色，十分鲜艳，所以有"神鸟"、"彗星"、"森林女神"和"花冠"等称呼。蜂鸟身体娇小，羽毛华丽，具有非凡的飞行本领。它的翅膀非常灵活，每秒钟能振动 50～70 次，飞行的速度很快，时速可达 50 千米，高度有四五千米。人们往往只听到它的声音，看不清它的身影。蜂鸟在百花盛开、草木繁茂的季节外出寻找食物，以吃花蜜和小昆虫为生。

蜂鸟在树枝上造窝，鸟窝造型别致，做工精细，是用丝状物编织而成的，看上去就像悬挂在树枝上的一只精巧的小酒杯。雌性蜂鸟每次产卵一两枚，只有豆粒般大小，每枚重量仅 0.5 克，大约 200 个蜂鸟蛋才有一个普通鸡蛋那么大。鸟卵孵化期为 14—19 天。小蜂鸟出生约 20 天后，就能飞出鸟窝觅食，开始独立的野外生活。

相思鸟

基本特征

相思鸟又名红嘴玉、相思鸟、红嘴绿观音。属雀形目，鹟科，画眉亚科。此鸟因为雌雄鸟经常形影不离，对伴侣极其忠诚，故称相思鸟。该鸟体小，体长 105～180 毫米；嘴呈鲜红色；上体橄榄绿色，脸淡黄色；两翅具明显的红黄色翼斑，颏、喉至胸呈辉耀的黄色或橙色、腹乳黄色；嘴形粗健，长度约为头长的一半；鼻孔裸露。相思鸟羽衣华丽、动作活泼、姿态优美、鸣声悦耳，颇受人们喜爱。但其鸣啭与其它画眉科歌鸟相比，显得单调，也不善模仿，所以养鸟者多重其羽色。

相思鸟两性大体相似。雌、雄多从叫声、眼周颜色、头顶颜色、胸部红色大小等方面区别。雄鸟叫声为多音节；雌鸟为单音节。雄鸟眼围黄色；雌鸟眼围灰白。雄鸟头顶颜色较背部黄，雌鸟头顶与背同色。雄鸟胸部红色

相思鸟

部分大而且色浓，雌鸟胸部红色部分小且淡。雄鸟尾部从腹回观，尾羽分叉部内黑色部分在 8 厘米以上；而雌鸟仅 4 厘米。这些在鉴别时须综合判断。要选叫声高、体形大、羽色鲜艳的雄鸟。嘴红的程度，与年龄有关，老鸟嘴全红，幼鸟嘴基部呈黑色。

相思鸟

相思鸟为典型的东洋界种类，从印度向东直至越南、印度尼西亚均有分布。中国分布秦岭以南。

生活习性

相思鸟属于留鸟，生活在平原至海拔 2000 米的山地，常栖居于常绿阔叶林、常绿和落叶混交林的灌丛或竹林中，很少在林缘活动。它们不仅活动于树丛下层，也常到中层或树冠觅食，偶尔到地面寻找食物。性喜结群或与其它鸟混群，雌雄形影不离，动作活泼捷巧，不甚畏人。

相思鸟主食各种昆虫及幼虫以及植物的果实和种子，属杂食性鸟。4 月下旬开始繁殖，延续到 6 月。营巢在针叶林、常绿林、杂木林等各种类型森林的荆棘或矮树上。巢呈深杯状，以叶梗、竹叶、草或其它柔软物质夹杂少许苔藓构成，内铺以细根或纤细的草。巢常悬挂在离地面 0.5～1 米的灌木或矮竹的垂直或水平枝上。每巢产卵 3～5 枚，卵呈绿白色至浅绿蓝色，散布有暗斑。

相思鸟

相思鸟雌雄形影不离，在笼

中栖杠上互相亲近的动作引起人们的极大兴趣，被视为忠贞爱情的象征，常做为结婚礼品馈赠。

知识点

橄　榄

　　橄榄，又名青果，因果实尚呈青绿色时即可供鲜食而得名。橄榄果富含钙质和维生素 C，于人有大益。它是一种常绿乔木，原产中国。"桃三李四橄榄七"，橄榄需栽培 7 年才挂果，成熟期一般在每年 10 月左右。新橄榄树开始结果很少，每棵仅生产几千克，25 年后才显著增加，多者可达 500 多千克。橄榄树每结一次果，次年一般要减产，休息期为一至两年。故橄榄产量有大小年之分。

延伸阅读

鸟尽弓藏

　　春秋时期，吴越之间经常起争端。公元前 497 年，吴国大败越国，越王勾践委曲求全向吴国求降，去吴国给吴王夫差当奴仆。在大夫范蠡的帮助下，越王勾践终于骗得夫差的信任，三年后，被释放回国。勾践为了不忘国耻，就每天晚上睡在柴草上，坐卧的地方也悬着苦胆，每天吃饭之前都要先尝一口苦胆。经过十年的奋斗，越国终于打败了吴国。

　　辅助越王勾践报仇雪恨的主要是两个人，一个是范蠡，还有一个是文种。当时勾践在会稽山一战中大败，国力也不足以与吴国相抗。他就和范蠡、文种两个大臣商议怎样才能报仇雪耻。范蠡劝勾践主动向吴王示好，以便争取时间发展生产，增强国力，提高军事力量。

　　这时候，夫差因当上了霸主，骄傲起来，一味贪图享乐。文种劝勾践向吴

王进贡美女。越王勾践就派人到处物色美女，结果在浣溪边找到了花容月貌的西施。越王派范蠡把她献给了夫差。夫差一见西施，顿时被迷住了，把她当作下凡的仙女，宠爱得不得了，也逐渐放松了对勾践的监视。随后，文种和范蠡又帮助勾践取得夫差的信任。他们还设计让夫差杀了忠臣伍子胥；送给吴国浸泡过、不能发芽的种子，害得吴国当年颗粒无收，到处闹饥荒，国内人心大乱。

越国能够灭掉吴国，范蠡和文种是最大的功臣。勾践在灭掉吴国后，因范、文二人功劳卓著，便要拜范蠡为上将军，文种为丞相。但是范蠡不仅不接受封赏，还执意要离国远去。他不顾勾践的再三挽留，离开越国，隐居齐国。范蠡离开后，还惦记着好友文种，于是就派人悄悄送了一封信给文种，在信上告诉他：你也赶快离开吧，我们的任务已经完成了。勾践心胸狭窄，只可与他共患难，不能同他共富贵。你要记住："飞鸟尽，良弓藏，狡兔死，走狗烹。"

但是，文种不相信越王会加害自己，坚持不肯走，还回信说："我立下这么大的功劳，正是该享受的时候，怎么能就这样离开呢？"果然在文种当丞相不久，勾践就给他送来当年夫差叫伍子胥自杀时用的那把剑，同时带了这么一句话：先生教给寡人七种灭吴的办法，寡人只用了三种，就把吴国给灭了，还剩下四种没有用，就请先生带给先王吧。文种一看，就明白了，后悔当初没有听范蠡的话，无奈之下只好举剑自杀了。

山 雀

基本特征

山雀形体小，性情活跃。最著名的山雀是大山雀，见于欧洲、西北非和亚洲（直到爪哇附近）；长 14 厘米；白面黑头；西部亚种的下体黄色，东方亚种的微白或淡黄，都有一条黑色中线。

山雀是体形比麻雀纤细的食虫鸟类，也是在平原或丘陵山地林区常见鸟类之一，在山间林区数量较平原地区的种类及数量均多。山雀的体羽大多以灰褐

山 雀

为主，它们的鸣声差异虽极显著，但多少都带有"仔仔黑"的音阶，易于分辨。因其多筑巢于树洞或房洞中，又几乎终日不停地在林间取食昆虫，且多为害虫，故成为农林业很理想的人工招引的对象，国内外已进行的招引工作有显著效果。我国山雀的种类很多，大多数均为留鸟。其中最常见的有大山雀和沼泽山雀。

沼泽山雀，又叫红仔，体形比大山雀稍小，头顶亮黑色、不具白斑、背羽砂灰褐色，颏喉部具黑色，腹面没有黑色宽纵纹。褐头山雀和沼泽山雀相似，但头顶、后颈为沾粉红的浓褐色；背粉红褐色。腹面鲜黄色，翅上有点状斑的叫黄腹山雀；腹面污白色的叫煤山雀，腹面红色的叫红腹山雀；尾显著长的叫长尾山雀，等等。它们都和大山雀一样是树木的卫士，穿梭于树木之间，保护着树木的茁壮成长。

生活习性

森林树木枝叶繁茂，果树硕果累累，一派生机勃勃的繁荣景象。我们不能忽视树木卫士在其中立下的汗马功劳。

山雀是"树木的卫士"，从平原到山区的村庄、果园、森林均可见它们的身影。

大山雀是山雀中体形最大的一种，背羽绿灰色，头黑且两侧白色，形成明显的大白斑，所以又叫白脸山雀。腹面白色。正中纵贯黑色宽纹，与前胸黑色形成"T"字形黑襟。

在果园里常见大山雀轻盈的体态，它动作灵巧地忽儿从苹果树飞上梨树，忽儿又攀登或倒悬在桃树上，一会儿又溜到枣树上。不管天气变化如何，它总是从早到晚在果园忙个不停。也不论哪种果树，它都飞临几遍，侦察巡逻。大山雀最喜欢在嫩树枝上跳跃，因为昆虫幼虫爱咬吃嫩枝、嫩芽。有时它则紧靠在树干上，用锐利的目光侦察缝隙，发现有虫，便用它那尖利的小嘴凿开小缝，啄出虫蛹或幼虫。它捕捉害虫的动作灵巧。别看它个儿小，它的胃口可不小，消化力很强。捕食昆虫，不仅量大，而且种类繁多。它一天捕食的昆虫等于它自身的体重。捕食的昆虫有梨象甲、梨星毛虫、青刺蛾、金龟子、天牛幼虫、苹果天社蛾、椿象、桃小实心虫、松毛虫等各种害虫，而且不论大小，小虫一口吞下，个儿大点的用双脚抱住虫子，用它那短圆锥形的嘴啄破，一点一点地撕着吃。大山雀会与啄木鸟合作，常跟在啄木鸟后面，帮助清除大量越冬的虫印、蛹、幼虫。

松毛虫

松毛虫属鳞翅目、枯叶蛾科，又名毛虫、火毛虫，古称松蚕。食害松科、柏科。松毛虫成虫为大、中型蛾子。松毛虫仍是森林害虫中发生量大、为害面广的主要森林害虫。

鸟鸣可以治疗神经官能症

科学家认为，从遗传学角度看，人跟鸟类发出的声音有某种关系。从古至今，这种大自然的歌声让人愉悦。当我们置身于鸟语之中，全身变得顺畅舒适。人体的每个器官，包括胃在内，都有自己对音乐的共振频率。当频率相符时，器官就开始积极工作，这样就改善了人体的生命活力。

各种鸟的叫声各不相同：有些起镇静作用，有些则相反——刺激情绪，还有些则让人睡得香甜。例如，夜莺的叫声抑扬婉转，有时响亮，有时低沉，柔

软和激烈的泛音相互交替，给人以激励和乐观，对人体产生积极的影响，能治疗抑郁症和神经官能症，缓解头痛，促进全身器官正常工作。而莺的长笛般的叫声对人体健康也有类似的作用。

蝗莺总是重复一种曲调，对神经系统起镇静作用，还降低血压、缓解血管痉挛、有益心脏。如果你过于兴奋、血压上升、心跳过速、失眠，那么，到附近的树林里走一走，晚上就更好，听听善于歌唱的鸫的叫声。

金丝雀、黄鹂、苍头燕雀那均匀的叫声能治疗心律不齐。黄雀和红额金翅雀清晰洪亮、精力充沛的叫声能治疗神经官能症和精神变态症，促进全身的器官活动。红胸鸲发出的震颤的声音能缓解头痛、心痛和关节痛，排解肝、胃和血管的痉挛，其晚上的叫声还能让人美美睡上一觉。

金翅雀

基本特征

金翅雀是体形较小的雀形目鸟类，体长在 12 厘米左右，雄雌同形近色，雄性眼周部位羽毛深褐色近黑色，头顶耳羽和后颈羽毛灰色，羽稍略现黄绿

金翅雀

色；肩部、背部以及内侧覆羽均为栗褐色；尾上覆羽灰色，尾羽基部呈鲜明的金黄色，端部黑色，羽干黑褐色；双翅的飞羽黑褐色，但基部有明显的亮黄色斑块，所谓"金翅"指的就是这一部分的羽毛颜色；翅上覆羽颜色与肩羽相同；颔部、喉部、胸部黄绿色；下腹部近白色；上腹部和尾下覆羽亮黄色；两胁沾棕色。雌性体色与雄性基本相同，但颜色略现黯淡。喙与足均为肉粉色，虹膜褐色。本物种的叫声甚有特色，为轻柔而连续不断的滴滴声，虽声音轻柔但传播甚远。

金翅雀

生活习性

　　金翅雀的繁殖期在每年的3—7月，繁殖地点常选择在山中树丛里，多营巢于松树或果树上，巢置于树顶细小枝干间，距离地面高程可达10米，巢以细弱的草根、棉麻纤维为基本材料纠缠而成，呈精致的杯状，巢内垫以兽毛、碎绒、蜘网、羽毛等柔软材料。每巢产卵2~5枚，卵色或白或绿，具褐色斑点，孵化期11—13天。本物种未列入濒危，但受到非法鸟类贸易的威胁。每窝产蛋4~5枚，颜色为浅绿色，较大的一端有杂色斑点。雏鸟12天左右出壳。雌鸟育

金翅雀

雏，先将食物储存在嗉囊中，待充分泡软后再吐出来喂给雏鸟。

金翅雀在中国终年留居各地平原，亦可见于山地。多栖息于针叶树或阔叶树上，也常在灌丛中活动。冬季多成大群活动。金翅雀的食物主要是树木和杂草的种子，也可用谷物和昆虫充饥。野生金翅雀在松树上筑巢，巢呈杯状，由草根、羽毛等构成。金翅雀的食谱以植物性食物为主，主要是各种草本植物的种子，偶尔取食农作物和昆虫。

 知识点

针叶树

针叶树种主要是乔木或灌木，稀为林质藤本。茎有形成层，能产生次生构造，次生木质部具管胞，稀具导管，韧皮部中无伴胞。叶多为针形、条形或鳞形，无托叶。球花单性，雌、雄同株或异株，胚珠裸露，不包于子房内。种子有胚乳，子叶一至多数。

针叶树种多生长缓慢，寿命长，适应范围广，多数种类在各地林区组成针叶林或针、阔叶混交林，为林业生产上的主要用材和绿化树种，也是制造纤维、树脂、单宁及药用等原料树种，有些种类的枝叶、花粉、种子及根皮可入药，具有很高的经济价值。

 延伸阅读

鸟岛

中国，有很多叫鸟岛的岛屿，其中，最著名的是青海湖鸟岛。青海湖鸟岛地处青海湖的西北部，面积0.8平方千米，近年来由于注入的水量少于蒸发量，湖水逐渐下降，基本上已成为半岛。在长约500米、宽约150米的鸟岛上栖息着近十万只候鸟，堪称"鸟的王国"。每年四月，来自我国南方和东南亚

等地的斑头雁、棕头鸥、赤麻鸭、鸬鹚等十多种候鸟在这里繁衍生息；秋天，它们又携儿带女飞回南方，国家对这类鸟资源十分看重青海湖鸟岛风光视，在岛上设有专门的保护机构。

　　鸟岛共两座，西边的小岛叫作海西山，又叫小西山，又因这里是候鸟集中产蛋的地方，因而也叫蛋岛；东边的大岛叫海西皮，也叫鸬鹚岛。进入青海湖鸟岛，进大门再步行约200米，登上"鸟岛"观鸟台，只见台下的沙滩上黑头、灰白身子的银鸥铺天盖地，它们或卧或立，或飞或落，令人眼花缭乱；喧闹的哇哇声贯入满耳。在台近处，成百只大雁卧沙孵卵，"丈夫"们分别呵护着自己的妻儿，守卫着自己的家，一旦发现"入侵者"进犯，立即张开翅膀，高声鸣叫，冲向"敌人"，将其驱走。鸟儿们以沙做窝，抓紧阳光充足，食物丰富的大好时机栖息养生，繁衍后代。在鸟群稀疏的空隙里会看到一枚枚散在的鸟蛋"无人问津"。空中，不时有列队的大雁或鸿鹅贴着湖面飞过，偶尔有天鹅或信天翁自由自在地翱翔。

大山雀

基本特征

　　大山雀属鸟纲、雀形目、山雀科，一般山雀科的鸟体形都非常小，而大山雀体形较大，全长约有14厘米长。头部、喉部成黑，与脸侧白斑及颈背块斑成强对比；翼上有一道醒目的白色条纹，一道黑色带沿胸中央而下，雄鸟胸带较宽。雌鸟此纵纹较淡，易辨认。眼褐色，嘴和脚均为黑色。中央一对尾羽深蓝色，羽干为黑

大山雀

色，其余尾羽蓝黑色，飞羽黑褐色。

　　成年大山雀头部整体为黑色，两颊各有一个椭圆形大白斑；头部的黑色在颌下汇聚成一条黑线，这条黑线沿着胸腹的中线一直延伸到下腹部的尾下覆羽，是辨识大山雀的一个重要特征；根据亚种的不同，大山雀上背的颜色也有很大变化，从纯灰色到橄榄绿色各自不同。飞羽呈蓝黑色，大覆羽蓝灰色，端部白色，形成一条白色翅斑，依靠这一特征可以将绿色型的大山雀与近似种绿背山雀相区分，后者具有两道白色翅斑。虹膜、喙、足均为黑色。

大山雀

　　大山雀雄雌同形同色，体形大小与麻雀相似，属于山雀属中体形较大的种类。但本物种的形态与麻雀有较大差别，不似麻雀那般粗笨，显得更加灵秀。

生活习性

　　大山雀是一种栖息在山区和平原林间的鸟类，在阔叶林和针叶林中都能听到它们清脆的叫声，常光顾红树林、林园及开阔林。性活跃，多技能，时在树顶时在地面。成对或成小群。夏季他们最高可以分布到海拔3000米的山区，冬季则向低海拔平原地区移动并结成小群活动。

　　大山雀的喙钝而短，是典型的食虫鸟，据中国鸟类学者的研究，大山雀的食物中昆虫所占的比例高达74.14%，而其他节肢动物，如蜘蛛占22.91%，

YIQI TANXUN NIAOLEI SHIJIE

大山雀

它们取食的昆虫中以鳞翅目昆虫最多,其次为鞘翅目昆虫。冬季以树皮内的虫卵为食,对森林的益处极大。

大山雀是一种很活泼的小鸟,胆大易近人,好奇心极强,有非常出色的即兴行为和动作。大山雀除睡眠外很少静止下来。它们鸣声悦耳,常光顾红树林、林园及开阔林,时而在树顶雀跃,时而在地面蹦跳。喜爱成对或成小群活动。大山雀善鸣叫,鸣声清脆悦耳,在野外可以依靠其特征性的鸣叫来区分,鸣唱变化较多并有不同含义,但无论何种鸣唱其基调为"仔嘿—仔仔嘿—仔仔嘿嘿"或"仔仔嘿嘿嘿"它在中国华北地区的土名"仔仔黑"和"黑子"就是来自它鸣唱的拟声。

每年的3—8月是大山雀的繁殖期,它们对于建窝地点并无过多的挑剔,不论是树间、石隙、屋檐、墙缝,还是废旧的鹊巢,只要能栖身产卵即可。一年产卵两次,每窝下蛋6~9枚,经过双亲两周轮流孵卵,雏鸟就可破壳而出。亲鸟辛勤育雏,终日捕虫,喂哺吱吱索食的幼雀,每天喂雏的平均次数高达130次,它们在冬季和育雏期间的主要食源便是松毛虫,这就为防虫卫林立下了赫赫奇功。

 知识点

节 肢 动 物

　　节肢动物，也称"节足动物"。动物界中种类最多的一门。身体左右对称，由多数结构与功能各不相同的体节构成，一般可分头、胸、腹三部，但有些种类头、胸两部愈合为头胸部，有些种类胸部与腹部未分化。体表被有坚厚的几丁质外骨胳。附肢分节。除自由生活的外，也有寄生的种类。包括甲壳纲（如虾、蟹）、三叶虫纲（如三叶虫）、肢口纲（如鲎）、蛛形纲（如蜘蛛、蝎、蜱、螨）、原气管纲（如栉蚕）、多足纲（如马陆、蜈蚣）和昆虫纲（如蝗、蝶、蚊、蝇）等。

 延伸阅读

漫说鸟巢

　　筑巢不是鸟类特有的技能，但鸟类筑巢的工艺，在动物界却是无与伦比的。地球上有8900多种鸟类。繁殖时少则产一枚卵，多则数十枚卵。孵蛋所需的时间又因种类而异，从十几天到几个月不等。怎么能使这些鸟蛋在孵化中不致滚散，并且免受天敌的残害呢？筑巢！鸟巢是鸟类最安全可靠的"家"，雏鸟最温馨的摇篮。

　　不管哪种鸟，营建一个巢都是一件十分浩大而艰巨的"工程"，要付出含辛茹苦的劳动。燕子、麻雀、喜鹊是人们熟悉的"邻居"，它们常在人类住宅的屋檐下、庭院园林的枝头上筑巢。细心的鸟类学家做过精确的记录，一对灰喜鹊在筑巢的四五天内，共衔取巢材666次，其中枯枝253次，青叶154次，草根123次，牛、羊毛82次，泥团54次。一只美洲金翅雀的鸟巢，干重仅53.2克，但总计竟有753根巢材。

　　在城楼、寺庙等建筑物上营巢的楼燕，需要到远处的河泥滩上衔取小型螺，和入泥土、草棍、唾液等巢材，然后一点一点地堆砌成碗状的巢，足足需一周时间。它的近亲——金丝燕，唾液腺十分发达，能用纯粹唾液建巢，唾液一遇风吹立即凝结干固，从而筑成半透明的小碗状巢窝。这种巢窝加工之后，就是我国自古闻名于世的珍贵补品——燕窝。

　　秃鹰的巢直径2.6米，重达两吨。而林雨燕的蝶形巢只能容纳一只卵。鸣鸠简陋的巢筑在仙人掌丛中，带刺的仙人掌成了它天然的防兽蒺藜。北极的绵凫鸟，生育之前，总要忍受剧痛，拔下自己的大量羽毛来筑巢。

攀　禽

　　攀禽是鸟类六大生态类群之一，涵盖了鸟类传统分类系统中鹦形目、鹃形目、雨燕目、鼠鸟目、咬鹃目、夜鹰目、佛法僧目、形目的所有种，如夜莺、鹦鹉、杜鹃、雨燕、翡翠、翠鸟、啄木鸟、拟啄木鸟等等。

　　攀禽最明显的特征是它们的脚趾两个向前，两个向后，有利于攀缘树木。这类鸟主要活动于有树木的平原、山地、丘陵或者悬崖附近，一些物种如普通翠鸟活动于水域附近，这很大程度上决定其食性。有专吃树皮里害虫的啄木鸟，有吃毛虫的能手杜鹃，还有常年生活在水边靠捕捉水中小动物为食的翠鸟等。攀禽主要活动于有树木的平原、山地、丘陵或者悬崖附近，一些物种如普通翠鸟活动于水域附近，这很大程度上决定于其食性。攀禽的食性差异很大，夜莺目、雨燕目鸟类主要捕食飞行中的昆虫，形目、鹃形目鸟类主要取食栖身于树木中的昆虫幼虫，鹦形目鸟类、佛法僧目犀鸟科鸟类主要取食植物的果实和种子，佛法僧目翠鸟科的鸟类则以鱼类为食物。

杜鹃鸟

基本特征

杜鹃鸟身体黑灰色，尾巴有白色斑点，腹部有黑色横纹。初夏时常昼夜不停地叫。喜吃毛虫，是益鸟。多数把卵产在别的鸟巢中。也叫布谷鸟或子规鸟。

杜鹃科分布于全球的温带和热带地区，在东半球热带种类尤多。杜鹃栖息于植被稠密的地方，胆怯，常闻其声而不见其形。多数种类为灰褐或褐色，但少数种类有明显的赤褐色或白色

杜鹃鸟

斑，杜鹃全身大部分或部分为有光辉的翠绿色。有些热带杜鹃的背和翅蓝色，有强烈的彩虹光泽。除少数善于迁徙的种类外，杜鹃的翼多较短。尾长（有的极长），个别尾羽尖端白色。腿中等长或较长（陆栖类型），脚对趾型，即外趾翻转，趾尖向后。喙强壮而稍向下弯。

生活习性

浩瀚的森林郁郁葱葱，然而会有松毛虫等各种害虫的侵害。松林受害，大片大片地枯死，像火烧似的，严重时会造成松树大面积死掉。对那些身上长毛的虫子，一般鸟类都望而生畏，不敢捕食。而杜鹃却毫不畏惧。据观察，一只杜鹃1小时能啄食上百条松毛虫。一只杜鹃在一个夏季可消灭8万多只松毛虫，可以抑制40亩松林免受危害。杜鹃从小就吃大量农林害虫，它不但吃毛虫，还爱吃蝗虫、金龟子、蝶等鳞翅目的幼虫，是出色的食虫益鸟。

杜鹃是一种极善于隐蔽的鸟，它不爱抛头露面，常躲藏在茂密多叶的树上或树林深处。所以经常只闻其鸣声，不见其身影。大杜鹃形似猛禽中的雀鹰，但较瘦小些，嘴长而微弯曲，不呈钩状。体背石板灰色，腹面白色而有黑褐色横纹，尾羽黑色，先端具白斑。

杜鹃鸟

杜鹃分布于全世界，在我国就有 16 种之多。如大杜鹃、中杜鹃、小杜鹃、四声杜鹃、八声杜鹃、鹰鹃等等都是捉虫能手。

大杜鹃是最常见的一种，春夏之交常听到"布谷！布谷"地叫，甚至通宵达旦，杜甫曾写过"布谷处处催春耕"的诗句，可见古时人们对它就有深刻的印象。

大杜鹃栖息在比较开阔的林中，特别喜欢生活在有水、有芦苇的环境。杜鹃历来是不搭窝、不孵卵、不育雏的。它偷偷地把卵产到别种鸟类的巢中，让义亲去孵卵育雏，是一种巢寄生繁殖。大杜鹃可以把卵产到大苇莺、灰喜鹊、棕扇尾莺、云雀、伯劳、卷尾等许多种鸟的巢中。它产的卵的颜色变化很大，可接近被寄生巢中卵的颜色。趁巢主不在，快速产下 1 枚卵。如果鸟巢比较小，不便于在巢内产卵，它还会把卵产在地上，然后再用嘴叼进巢里。

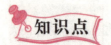 **知识点**

温　带

在地理学上，温带是位于亚热带和极圈之间的气候带。温带气候即包括比较温和多雨的海洋气候，也包括四季分明和比较干燥的大陆性气候。我国大部分地区都属于温带气候。从全球分布来看，温带气候的情况比较复杂多样。根据地区的降水特点的不同，可分为温带海洋性气候、温带大陆性气候、温带季风性气候和地中海气候几种类型。它是世界上最为广泛的气候类型。由于温带气候分布地域广泛，类型复杂多样，从而为生物创造了良好的气候环境，形成了丰富的动植物界。

▶▶▶ **延伸阅读**

杜鹃啼血

传说中啼血的杜鹃鸟应特指的俗称布谷鸟的四声杜鹃。杜鹃口腔上皮和舌部都为红色，古人误以为它啼得满嘴流血。杜鹃高歌之时，正是杜鹃花盛开之际，所以又有杜鹃花的颜色是杜鹃鸟啼血染成之说："杜鹃花与鸟，怨艳两何赊。疑是口中血，滴成枝上花。""杜鹃花发杜鹃啼，似血如朱一抹齐。应是留春留不住，夜深风露也寒凄。"

据李时珍说："杜鹃出蜀中，今南方亦有之，装如雀鹞，而色惨黑，赤口有小冠。春暮即啼，夜啼达旦，鸣必向北，至夏尤甚，昼夜不止，其声哀切。田家候之，以兴农事。惟食虫蠹，不能为巢，居他巢生子，冬月则藏蛰。"

民间广泛流传着"望帝春心托杜鹃"的故事，说的是在古代蜀国有个名叫杜宇的人，做了皇帝以后称为"望帝"，死后化为杜鹃。杜鹃鸟之名，大概来源于此。

宋代的蔡襄诗云："布谷声中雨满犁，催耕不独野人知。荷锄莫道春耘早，正是披蓑化犊时。"陆游也有诗曰："时令过清明，朝朝布谷鸣。但令春促驾，那为国催耕。红紫花枝尽，青黄麦穗成。从今可无谓，倾耳舜弦声。"诗中催耕的布谷鸟。即杜鹃鸟。南宋词人朱希真的"杜鹃叫得春归去，吻边啼血苟犹存"，更是充分地反映杜鹃为催人"布谷"而啼得口干舌苦，唇裂血出，认真负责的精神。

在春夏之际，杜鹃鸟会彻夜不停地啼鸣，它那凄凉哀怨的悲啼，常激起人们的多种情思，加上杜鹃的口腔上皮和舌头都是红色的，古人误以为它"啼"得满嘴流血，因而引出许多关于"杜鹃啼血"、"啼血深怨"的传说和诗篇。

鹦 鹉

基本特征

鹦鹉是典型的攀禽，对趾型足，两趾向前两趾向后，适合抓握，鹦鹉的鸟喙强劲有力，可以食用硬壳果。鹦鹉主要是热带，亚热带森林中羽色鲜艳的食果鸟类。鹦鹉中体形最大的当属紫蓝金刚鹦鹉，身长可达100厘米，分布在南美的玻利维亚和巴西。虽然在某些地区常见，但人们为赢利而大量诱捕，已使它们面临严重威胁。最小的是生活在马来半岛、苏门答腊、加里曼丹岛一带的蓝冠短尾鹦鹉，身长仅有12厘米，这些鹦鹉携带巢材的方式很特别，不是用那弯而有力的喙，而是将巢材塞进很短的尾羽中，同类的其他的情侣鹦鹉，也是用这种方式携材筑巢的。侏鹦鹉属有6种，全长都在10厘米以内。6种仅见于新几内亚岛和附近岛屿。这是鹦形目中最小的。

鹦 鹉

生活习性

鹦鹉大多色彩绚丽，鸣声高亢，那独具特色的钩喙使人们很容易识别这些美丽的鸟儿。它们一般以配偶和家族形成小群，栖息在林中树枝上，自筑巢或以树洞为巢，食浆果、坚果、种子、花蜜。也有特例：如深山鹦鹉，这种生活在稀木灌丛中的鸟儿体形大，羽毛丰厚，独具一付又长又尖的嘴。除了具有其他鹦鹉的食性外还喜食昆虫、螃蟹、腐肉。甚至跳到绵羊背上用坚硬的长喙啄食羊肉，弄得活羊鲜血淋漓，所以当地的新西兰牧民也称其为啄羊鹦鹉。

鹦 鹉

鹦鹉在世界各地的热带地区都有分布。在南半球有些种类扩展到温带地区，也有一些种类分布到遥远的海岛上。

鹦鹉的平均寿命为50—60岁，大型鹦鹉可以活到100岁左右，世界上最长寿的鸟是一只亚马孙鹦鹉，名叫詹米，生于英国利物浦1870年12月3日，死于1975年11月5日，享年104岁，是鸟类中的老寿星。

知识点

金刚鹦鹉

金刚鹦鹉产于美洲热带地区，是色彩最漂亮，体形最大的鹦鹉之一。共

有6属17个品种。具对趾足，每只脚有4只脚趾2前2后。尾极长，属大型攀禽。原生地是森林，特别是墨西哥及中南美洲的雨林。食谱由许多果实和花朵组成，食量大，有力的喙可将坚果啄开，用钝舌吸出果肉。在河岸的树上和崖洞里筑巢。比较容易接受人的训练，和其他种类的鹦鹉能够友好相处，但也会咬其他动物和陌生人。寿命最长可达80年。

 延伸阅读

会说人话的鸟

当你听到鹦鹉讲话时，一定会感到十分惊奇。可是当你问别人鹦鹉为什么能这么真切地模仿人说话的时候，大概没有人能解释清楚。

有些人认为鹦鹉讲话的本领是来自它们舌头的特殊结构，因为鹦鹉的舌头又大又厚。当然，我们不能否认这样的舌头帮助鹦鹉说话的可能性。但是决不能说有这样舌头的鸟就一定能说话。因为八哥、渡鸦这些也能"说话"的鸟并没有又大又厚的舌头，而有这样舌头的鹰、隼等鸟却不会说话。

鹦鹉会说话，是不是因为它比其他鸟更聪明？这似乎也不是鹦鹉会说话的原因。因为大多数生物学家都认为，鹦鹉和其他会说话的鸟实际上并不知道自己说的话的意思。这些鸟在相互交流的时候有它们特殊的表达方式。

鹦鹉能讲话，可能是由于它们的发声系统和听觉功能与其他鸟不一样，也可能是由于人类所发出的声音与鹦鹉自然而然发出的声音非常相似，所以使得鹦鹉很容易模仿出人的声音。

鹦鹉不仅会讲话，它在其他方面也很有特点。它可以适应不同的生活环境。所以我们常常能够看到海员在出海远洋时常常带着一只鹦鹉做伴。尽管鹦鹉是一种热带鸟，可它却能在气候温和的地方生活自如，甚至对寒冷的低温也无所畏惧。

鹦鹉是一种很勇敢的鸟，对自己的同类也是十分忠诚。如果一群鹦鹉同时遇到危险，它们会一起迎接挑战。鹦鹉在寻找食物的时候，就像猴子一样从一

个树枝跳到另一个树枝上，既用嘴又用脚。鹦鹉使用脚时就像人使用手一样轻松自如，特别是在吃东西的时候。

喜 鹊

基本特征

喜鹊是鸟纲雀形、目鸦科、鹊属的一种，共有 10 亚种。喜鹊体形很大，其体长通常可达 45～50 厘米。本物种的外形可以简单地描述为"体形巨大的黑白两色长尾鸟类"，其头部、颈部、胸部、背部、腰部均为黑色，略显蓝紫色金属光泽；肩羽、上下腹均为洁白色；飞羽和尾羽为近黑色的墨绿色，带辉绿

喜 鹊

色的金属光泽；初级飞羽的内翈均为洁白色，飞行时可见双翅端部洁白，另外在飞行中可见本物种背部的白色羽区形成一个 V 形。本物种虹膜为褐色；喙、足均为黑色。在中国南方的一些城市，少有喜鹊分布，但可见另一种雀形目鹟科的鸟类鹊鸲，鹊鸲亦为黑白两色的长尾鸟类，很多人将其误认为喜鹊，实际上两者在体形上有着巨大的差异，后者体长仅为 20 厘米左右，不足喜鹊体长的一半。喜鹊的叫声为单调的"洽—洽—"声。当遇到危险时会发出连续而急促的"洽—，洽—，洽—"的警报音。

生活习性

喜鹊除秋季结成小群外，全年大多成对生活。鸣声宏亮。杂食性，在旷野和田间觅食，繁殖期捕食蝗虫、蝼蛄、地老虎、金龟甲、蛾类幼虫以及蛙类等小型动

喜鹊

物，也盗食其他鸟类的卵和雏鸟，也吃瓜果、谷物、植物种子等。

喜鹊为多年性配偶。巢呈球状，由雌雄共同筑造，以枯枝编成，内壁填以厚层泥土，内衬草叶、棉絮、兽毛、羽毛等，每年将旧巢添加新枝修补使用。每窝产卵 5～8 枚。卵淡褐色，布褐色、灰褐色斑点。雌鸟孵卵，孵化期 18 天左右。雏鸟为晚成性，双亲饲喂一个月左右方能离巢。小型猛禽红脚隼常争占喜鹊或秃鼻乌鸦的巢。叫声为响亮粗哑的嘎嘎声。

整个华北平原，或者说整个中国的北部，在路边最容易看到的鸟巢，就是喜鹊巢。喜鹊最喜欢的是"跃登高枝"，它们的巢，一般都选在高高的杨树上。然而喜鹊又是离人最近的鸟，它们能吃腐食，人类的抛弃物正好成了它们最充足稳定的食源。因此，它们很早就进入了人类的言说系统，成了文化表达的一个重要元素。

知识点

鹊鸲

鹊鸲为雀形目鸫科的鸟类，体长约 21 厘米，嘴形粗健而直，长度约为头长的一半或比一半略长；尾呈凸尾状，尾与翅几乎等长或较翅稍长；两性羽色相异，雄鸟上体大都黑色；翅具白斑；下体前黑后白。但雌鸟则以灰色或褐色替代雄鸟的黑色部分。鹊鸲性格活泼好动，觅食时常摆尾，不分四季晨昏，在高兴时会在树枝或大厦外墙鸣唱，因此在中国内地有"四喜儿"之称。出没于村落和人家附近的园圃，栽培地带或树旁灌丛，也常见于城市庭园中。食物以昆虫为主，兼吃少量草籽和野果。

➤ 延伸阅读

中国的喜鹊文化

　　喜鹊是自古以来深受人们喜爱的鸟类，是好运与福气的象征，农村喜庆婚礼时最乐于用剪贴"喜鹊登梅"来装饰新房。喜鹊登梅亦是中国画中非常常见的题材，它还经常出现在中国传统诗歌、对联中。此外，在中国的民间传说中，每年的七夕人间所有的喜鹊会飞上天河，搭起一条鹊桥，促成分离的牛郎和织女相会，因而在中华文化中鹊桥常常成为男女情缘。

　　鹊桥相会、鹊巢鸠占、鹊登高梅、喜上眉（梅）梢等等成语和词汇就是从喜鹊这里发展出了的。喜鹊，作为离人最近的鸟，已经深入了我们的生活、传说和文化表达。它们很"世俗"，也很尊贵，甚至成了"圣贤"的模板呢。

 春 燕

基本特征

　　燕子是雀形目、燕科的一属。本属鸟类体形小，体长 13～18 厘米。翅尖长，尾叉形。背羽大都呈灰蓝黑色，因此，古时把它叫作玄鸟。翅尖长善飞，嘴短弱，嘴裂宽，为典型食虫鸟类的嘴型，凹尾，喙短，足弱小。羽衣单色，或有带金属光泽的蓝或绿色；大多数种类两性相似。脚短小而爪较强。世界上有家燕、岩燕、灰

春 燕

沙燕、金腰燕和毛脚燕等 20 多种，中国有 4 种，其中以家燕和金腰燕等比较常见。

我们常见的燕子有两种，一种是家燕或称拙燕，另一种是金腰燕，俗称巧燕，它们都是我国最常见的食虫鸟。家燕主要特点是上体发蓝黑色，还闪着金属光泽，腹面白色。它体态轻捷伶俐，两翅狭长，飞行时好像镰刀，尾分叉似剪刀，飞行迅速如箭，忽上忽下，时东时西，变换方向迅速。我们常可见到它们停歇在村落附近的田野、河岸的树枝上、电杆和电线上，也常结队在田野、河滩飞行掠过。飞行时张着嘴捕食蝇、蚊等各种昆虫。鸣声尖锐而短促。

家燕每年初春迁徙来到北方，雌雄在房檐下或屋梁上共建"家园"。巢由泥土、稻草、根须等筑成，是半碗形的。里面铺着轻软的羽毛、毛发及细柔干草。家燕每年繁殖两次，每次产卵 4~6 枚，一般为 5 枚。第二次繁殖卵数略少。卵椭圆形，白色，上有稀疏的红褐色细斑，在钝端较集中。孵卵只由雌燕担任，但育雏工作、雌雄燕共同承担，雄鸟比雌鸟哺喂的次数更多，是积极尽责的。繁殖后结群南迁到印度、南洋群岛及澳洲等地越冬。

金腰燕体形和家燕近似，有一条栗黄色的腰带，鲜艳夺目，是最显著的标志。生活习性也和家燕差不多，所不同的是它常栖息在山区海拔较高的地方，平原不多见，近些年，金腰燕有增多的趋势。

生活习性

燕子最喜欢接近人类，总是和春天一块儿来到我们身边，它是人们最熟悉、最喜欢的小鸟。燕子一般在 4—7 月繁殖。家燕在农家屋檐下营巢。雌雄共同孵卵。14—15 天幼鸟出壳，亲鸟共同饲喂。雏鸟约 20 天出飞，再喂 5~6 天，就可自己取食。食物均为昆虫。金腰燕体形似家燕，但稍大些。此种燕腰部栗黄，非常明显夺目，下体有细小黑纹，易与家燕相区别。习性亦与家燕相似，但大都栖息于山地村间。燕是典型的迁徙鸟。繁殖结束后，幼鸟仍跟随成鸟活动，并逐渐集成大群，在第一次寒潮到来前南迁越冬。

燕子是人类的益鸟，主要以蚊、蝇等昆虫为主食，几个月就能吃掉 25 万只昆虫，所以我们不能伤害它。燕子在冬天来临之前，它们总要进行每年一度的长途旅行——成群结队地由北方飞向遥远的南方，去那里享受温暖的阳光和湿润的天气，而将严冬的冰霜和凛冽的寒风留给了从不南飞过冬的山雀、松鸡和雷鸟。表面上看，是北国冬天的寒冷使得燕子离乡背井去南方过冬，等到春暖花开的时节再由南方返回本乡本土生儿育女、安居乐业。果真如此吗？其实不然。原来燕子是以昆虫为食的，且它们从来就习惯于在空中捕食飞虫，而不善于在树缝和地隙中搜寻昆虫食物，也不能像松鸡和雷鸟那样杂食

春 燕

浆果、种子和在冬季改吃树叶（有些针叶树种即使在冬季也不落叶）。可是，在北方的冬季是没有飞虫可供燕子捕食的，燕子又不能像啄木鸟和旋木雀那样去发掘潜伏下来的昆虫的幼虫、虫蛹和虫卵。食物的匮乏使燕子不得不每年都要来一次秋去春来的南北大迁徙，以得到更为广阔的生存空间。燕子也就成了鸟类家族中的"游牧民族"了。

知识点

寒 潮

寒潮是冬季的一种灾害性天气，群众习惯把寒潮称为寒流。所谓寒潮，就是北方的冷空气大规模地向南侵袭我国，造成大范围急剧降温和偏北大风的天气过程。寒潮一般多发生在秋末、冬季、初春时节。我国气象部门规定：冷空气侵入造成的降温，一天内达到10℃以上，而且最低气温在5℃以下，则称此冷空气爆发过程为一次寒潮过程。可见，并不是每一次冷空气南下都称为寒潮。

 延伸阅读

古代诗词中的燕子

燕属候鸟，随季节变化而迁徙，喜欢成双成对，出入在人家屋内或屋檐下。因此为古人所青睐，经常出现在古诗词中，或惜春伤秋，或渲染离愁，或寄托相思，或感伤时事，意象之盛，表情之丰，非其它物类所能及。

1. 表现春光的美好，传达惜春之情。

相传燕子于春天社日北来，秋天社日南归，故很多诗人都把它当作春天的象征加以美化和歌颂。如"冥冥花正开，扬扬燕新乳"（韦应物《长安遇冯著》），"燕子来时新社，梨花落后清明"（晏殊《破阵子》），"莺莺燕燕春春，花花柳柳真真，事事丰丰韵韵"（乔吉《天净沙·即事》）。春天明媚灿烂，燕子娇小可爱，加之文人多愁善感，春天逝去，诗人自会伤感无限。

2. 表现爱情的美好，传达思念情人之切。

燕子素以雌雄颉颃，飞则相随，以此而成为爱情的象征，"思为双飞燕，衔泥巢君屋"（《古诗十九首·东城高且长》），"燕燕于飞，差池其羽。之子于归，远送于野"（《诗经·邶风·燕燕》），正是因为燕子的这种成双成对，才引起了有情人寄情于燕、渴望比翼双飞的思念。才有了"暗牖悬蛛网，空梁落燕泥"（薛道衡·《昔昔盐》）的空闺寂寞，有了"落花人独立，微雨燕双飞"（晏几道·《临江仙》）的惆怅嫉妒。

3. 表现时事变迁，抒发昔盛今衰、人事代谢、亡国破家的感慨和悲愤。

燕子秋去春回，不忘旧巢，诗人抓住此特点，尽情宣泄心中的感慨，最著名的当属刘禹锡的《乌衣巷》："朱雀桥边野草花，乌衣巷口夕阳斜。旧时王谢堂前燕，飞入寻常百姓家。"以含蓄手法，写燕子依旧，但屋主易人，来表现昔日豪门贵族不可避免的没落命运，表面是感慨，实为辛辣的讽刺。

燕子，已不仅仅再是燕子，它已经成为中华民族传统文化的象征，融入到每一个炎黄子孙的血液中。

鸽 子

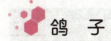

基本特征

鸽子属鸽形目、鸠鸽科。雄鸟体长可达 32～35 厘米。雌鸟较小，长达 23～34 厘米。头和颈呈灰蓝色，肩和上胸、颈基以及喉、胸等部分都带有铜绿色的金属光泽，形成显著颈环。上背和两翅石板青色，内侧大覆羽和三级飞羽贯以黑斑，形成两道横斑；下背白色；腰和尾上覆羽为石板灰色，腰部和近尾端处有 1 白色横斑；下体蓝灰色，至腹部

鸽 子

渐为白色；眼橙黄色；虹膜浅褐色；嘴黑色；脚珊瑚红色。尾羽呈灰黑色，先端黑色。两翅折合时有两条明显的黑色横翅斑带。雌鸟羽色略暗，不如雄鸟鲜丽。雌雄体色相似。尾上有宽阔的偏白色次端带，灰色的尾基、浅色的背部与尾上的此带成明显对比。

生活习性

鸽子常结小群到山谷和平原地带农田地上觅食杂草种子、高粱等谷类为食。繁殖期成对活动，用枯枝叶、杂草、羽毛等物筑巢，巢极简陋，大多营于山上岩隙间，每窝有卵两枚，雌雄轮流孵卵，约经 18 天，幼雏可出壳，幼雏以亲鸟口腔内的"鸽乳"为食。鸽子在我国分布极广，俗称"野鸽子"或"山石鸽"。为狩猎留鸟，对农作物有一定的危害。

世界广布种。在我国云南西北部、四川、陕西、山西、陕北北部以北的广

大地区，均为留鸟。

鸽　子

高　粱

　　高粱，禾本科，高粱属。一年生草本。秆实心，中心有髓。分蘖或分枝。叶片似玉米，厚而窄，被蜡粉，平滑，中脉呈白色。圆锥花序，穗形有带状和锤状两类。颖果呈褐、橙、白或淡黄等色。种子卵圆形，微扁，质黏或不黏。性喜温暖，抗旱、耐涝。按性状及用途可分为食用高粱、糖用高粱、帚用高粱等类。我国栽培较广，以东北各地为最多。谷粒供食用、酿酒（高粱酒）或制饴糖。糖用高粱的秆可制糖浆或生食；帚用高粱的穗可制笤

帚或炊帚；嫩叶阴干青贮，或晒干后可做饲料；颖果能入药，能燥湿祛痰，宁心安神。

和平的象征——鸽子

把鸽子作为世界和平的象征，并为世公认，当属毕加索之功。1940 年，以希特勒为首的法西斯匪徒攻占了法国首都巴黎，当时毕加索心情郁闷地坐在他的画室里，这时有人敲门，来者是邻居米什老人，只见老人手捧一只鲜血淋漓的鸽子，向毕加索讲述了一个悲惨的故事。原来老人的孙子养了一群鸽子，平时他经常用竹竿拴上白布条做信号来招引鸽子。当他得知父亲在保卫巴黎的战斗中牺牲时，幼小的心灵里燃起了仇恨的怒火。他想，白布条表示向敌人投降，于是他改用红布条来招引鸽子。显眼的红布条被德寇发现了，惨无人道的法西斯匪徒把他扔到了楼下，惨死在街头，还用刺刀把鸽笼里的鸽子全部挑死。

老人讲到这里，对毕加索说道："先生，我请求您给我画一只鸽子，好纪念我那惨遭法西斯杀害的孙子。"随后毕加索怀着悲愤的心情，挥笔画出了一只飞翔的鸽子，这就是"和平鸽"的雏形。

1950 年 11 月，为纪念在华沙召开的世界和平大会，毕加索又欣然挥笔画了一只衔着橄榄枝的飞鸽。当时智利的著名诗人聂鲁达把它叫作"和平鸽"，由此，鸽子才被正式公认为和平的象征。

鸽子也是战争英雄。鸽子多次在战争期间发挥了巨大的作用。在第一次和第二次世界大战期间，鸽子携带信息穿过敌人的封锁线拯救了成千上万人的生命。船只上面都带有鸽子，当遭到德国潜艇攻击之后，就放出鸽子告知沉船的具体位置，这样幸存的人员就可能获救。

 翠 鸟

基本特征

　　翠鸟是佛法僧目中分布最广泛的，世界上大多数地方都能见到，有 14 属 93 种，我国有 5 属 11 种。主要种类有普通翠鸟、白胸翡翠、蓝翡翠、斑头大翠鸟、三趾翠鸟等。蓝耳翠鸟、鹳嘴翠鸟被列入国家二级保护动物名单。在长江以南有一种赤翡翠，全身以赤褐色为主。其他种全身羽毛以翠绿色为主，带有辉亮的金属反光，头部黑色，背、翅、尾为蓝色，喉、胸为白色，配以红嘴红腿，显得艳丽夺目。

翠 鸟

　　翠鸟常采取伏击的方式捕食。水栖翠鸟是捕鱼的高手，也捕食其他水生动物，是翠鸟中最常见的类群，如普通翠鸟和各种鱼狗。林栖翠鸟捕食各种小动物，包括笑翠鸟和几种翡翠。林栖翠鸟以澳大利亚和新几内亚一带为分布中心，其中澳大利亚的笑翠鸟是澳洲最著名和常见的鸟类之一，也是体形最大的

翠鸟之一，以蛇和蜥蜴为食。

翠鸟喙大，多以鱼为食，体强，长约10.45厘米，羽衣鲜艳；许多种类有羽冠。腿短，大多数尾短或适中。头大与身体不相称，喙长似矛，翼短圆，3个前趾中有2个基部愈合。翠鸟的整体色彩配置，十分鲜丽。头至后颈部为带有光泽的深绿色，其中布满蓝色斑点，从背部至尾部为光鲜的宝蓝色，翼面亦为绿色，带有蓝色斑点，翼下及腹面则为明显的橘红色。喉部有一大白斑，脚为红色。一般自额至枕蓝黑色，密杂以翠蓝横斑，背部辉翠蓝色，腹部栗棕色；头顶有浅色横斑；嘴和脚均赤红色。从远处看很像啄木鸟。因背和面部的羽毛翠蓝发亮，因而通称翠鸟。

生活习性

翠鸟有林栖的水栖两大类型。林栖类翠鸟远离水域，以昆虫为主食。水栖的一类主要生活在各地的淡水域中，喜在池塘、沼泽、溪边生活觅食，食物以鱼虾昆虫为主。常常静栖于水中蓬叶上，水边岩石上的树枝上。眼睛死盯着水面，一旦发现有食物，则以闪电式的速度直飞捕捉，而后再回到栖息地等待，有时像火箭一样在水面飞行，十分好看。

翠鸟性孤独，平时常独栖在近水边的树枝上或岩石上，伺机猎食，食物以小鱼为主，兼吃甲壳类和多种水生昆虫及其幼虫，也啄食小型蛙类和少量水生植物。常直挺挺地停息在近水的低枝和芦苇也常常停息在岩石

翠 鸟

上，伺机捕食鱼虾等，因而又有鱼虎、鱼狗之称。而且，翠鸟扎入水中后，还能保持极佳的视力，因为，它的眼睛进入水中后，能迅速调整水中因为光线造

成的视角反差。所以翠鸟的捕鱼本领几乎是百发百中，毫无虚发。

翠鸟繁殖期为每年4—7月。翠鸟能用它的粗壮大嘴在土崖壁上穿穴为巢，也营巢于田野堤坝的隧道中，这些洞穴鸟类与啄木鸟一样洞底一般不加铺垫物。卵直接产在巢穴地上。每窝产卵6~7枚。卵色纯白，辉亮，稍具斑点，大小约28×18毫米，每年1~2窝；孵化期约21天，雌雄共同孵卵，但只由雌鸟喂雏。翠鸟羽毛美丽，头顶羽毛可供做装饰品。

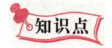 知识点

佛法僧目

佛法僧目在动物分类学上是鸟纲中的一个目。这一目的鸟分布广泛，形态结构多样，各科特化程度高。成员体形大小不一，生活方式多种多样，多数种类以昆虫和小动物为食，有些种类食鱼，还有些种类食果实。佛法僧目有9科，很多科分布局限于热带、亚热带地区，其它科则分布比较广泛，中国有5科。

 延伸阅读

翠 鸟

翠鸟喜欢停在水边的苇秆上，一双红色的小爪子紧紧地抓住苇秆。它的颜色非常鲜艳。头上的羽毛像橄榄色的头巾，绣满了翠绿色的花纹。背上的羽毛像浅绿色的外衣。腹部的羽毛像赤褐色的衬衫。它小巧玲珑，一双透亮灵活的眼睛下面，长着一双又尖又长的嘴。

翠鸟鸣声清脆，爱贴着水面疾飞，一眨眼，又轻轻地停在苇秆上了。它一动不动地注视着泛着微波的水面，等待游到水面上来的小鱼。

小鱼悄悄地把头露出水面，吹了个小泡泡。尽管它这样机灵，还是难以逃

脱翠鸟锐利的眼睛。翠鸟蹬开苇秆,像箭一样飞过去,叼起小鱼,贴着水面往远处飞起了。只有苇秆还在摇晃,水波还在荡漾。

我们真想捉一只翠鸟来饲养。老渔翁看了看我们说:"孩子们,你们知道翠鸟的家在哪里?沿着小溪上去,在那陡峭的石壁上。它从那么远的地方飞到这里来,是要和你们做朋友的呀!"

我们的脸有些发红,打消了这个念头。在翠鸟飞来的时候,我们远远地看着它那美丽的羽毛,希望它在苇秆上多停一会儿。

(菁莽)

星 鸦

基本特征

星鸦是鸦科星鸦属的鸟类,身长 29 ~ 36 厘米,翼展 55 厘米,体重 50 ~ 200 克,寿命 8 年。体羽大都咖啡褐色,具白色斑;飞翔时黑翅,白色的尾下覆羽和尾羽白端是很醒目的。体上的白斑点飞行慢时易见。鼻羽污白具不显著暗褐色基部、暗褐羽缘;眼先区为污白或乳白色;额前部为很暗的咖啡褐色到淡黑褐,头顶和颈项则逐渐变为稍亮

星鸦

的暗咖啡褐;下腰到尾上覆羽淡褐黑色;尾下覆羽白色;体羽的其余部分概为暗咖啡褐色,具众多的白色点斑和条纹。颊部、喉和颈部羽毛具纵长白色尖端;下体、翕部、背部和肩部的羽端有点状白斑,每一白色点斑周缘是淡褐黑。翅黑具稍淡蓝灰或淡绿闪光,小覆羽尖端白色,有时中覆羽、大覆羽亦有

白色尖端；初级飞羽和次级飞羽有时具细小的白色尖端，但后者常经磨损而消失；第六枚和第七枚在内翈基部具白色新月形斑，有时第五枚初级飞羽亦有较小的白斑。尾羽亮黑，中央尾羽狭窄，最外侧尾羽具宽的白色端斑。翅下覆羽淡黑、尖端白。虹膜暗褐；嘴、跗蹠和足黑色。

幼鸟体羽较淡，在成鸟为白色点斑和条纹的相应位置全为淡棕色代替，并分布至头部。

生活习性

星鸦是一种典型的针叶林鸦类。栖息于欧洲北部和东部的针叶林，活动于阿尔卑斯山、喀尔巴阡山脉、南部山区巴尔干山脉，也发现在果园，花园，树林和公园草地。

星　鸦

星鸦单独或成对活动，偶成小群。栖于松林，以松子为食。也埋藏其他坚果以备冬季食用。动作斯文，飞行起伏而有节律。星鸦收集松籽，储藏在树洞里和树根底下，准备冬天吃。冬天星鸦从这个地方游荡到哪个地方，从这座森林飞到另一座森林，享用着它们储藏的松籽。其实每个星鸦每天找到的储藏的食物不一定是自己储藏的，自己储藏的松籽也可能成为别人的食物。它们无论谁飞到一片新林子，就到处寻找松籽，因为总有别的星鸦藏下的种子。它把树洞扒拉开看看，到树根底下翻捡，刨开灌木丛，就是大雪覆盖的灌木丛下，它们也能找到自己同类藏下的食粮。

星鸦叫声干哑，有时不停地重复。不如松鸦的叫声刺耳。轻声而带哨音和咔哒声的如管笛的鸣声，以及嘶叫间杂模仿叫声。雏鸟发出带鼻音的咩咩叫声。

夫妻配对并占领同一领土。鸟巢是相当大，建在针叶树上，距地面高度

10米以上，用树枝、地苔建成，内衬苔藓、干草。雌鸟每巢产3~4枚卵，孵化期16—18天。孵化期间，雌雄鸟轮流卧巢孵化，这在鸦类中很少有相当不寻常。孵化后的幼鸟3—4周后离巢飞行。

阿尔卑斯山

　　阿尔卑斯山脉是欧洲最高大的山脉。位于欧洲南部。西起法国尼斯附近地中海岸，经意大利北部、瑞士南部、列支敦士登、德国南部，东至奥地利的维也纳盆地，呈弧形东西延伸，长约1200千米，宽130~260千米，西窄东宽。平均海拔3000米左右。总面积约22万平方千米。

　　阿尔卑斯山脉是一条不甚连贯的山系中的一小段，该山系自北非阿特拉斯延伸，穿过南欧和南亚，直到喜马拉雅山脉。阿尔卑斯山脉从亚热带地中海海岸法国的尼斯附近向北延伸至日内瓦湖，然后再向东北伸展至多瑙河上的维也纳。

延伸阅读

乌鸦反哺

　　在传说中，乌鸦反哺的故事是最让人感动的一个故事，乌鸦——是一种通体漆黑、面貌丑陋的鸟，因为人们觉得它不吉利而遭到人类普遍厌恶，但它们却拥有一种真正的值得我们人类普遍称道的美德——养老、爱老，在养老、敬老方面堪称动物中的楷模。据说这种鸟在母亲的哺育下长大后，当母亲年老体衰，不能觅食或者双目失明飞不动的时候，它的子女就四处去寻找可口的食物，衔回来嘴对嘴地喂到母亲的口中，回报母亲的养育之恩，并且从不感到厌烦，一直到老乌鸦临终，再也吃不下东西为止。这就是人们常说的"乌鸦

反哺"。

《本草纲目·禽部》载："慈乌：此鸟初生，母哺六十日，长则反哺六十日。"大意是说，小乌鸦长大以后，老乌鸦不能飞了，不能自己找食物了，小乌鸦会反过来找食物喂养它的母亲。乌鸦反哺的故事经一代代的口授心传，已为许多人知晓。在某种程度上，萦绕在人们心头的"反哺情结"至今仍是维系社会及家庭走向和谐、温馨和安宁的重要力量。

 寿 带

基本特征

寿带俗名白带子、长尾巴练、练鹊、三光鸟、绶带、一枝花、赭练鹊、紫长长尾、紫带子等。

寿带中等体形（22厘米，雄鸟计尾长再加20厘米），有两种色型，头闪辉黑色，冠羽显著。雄鸟易辨，一对中央尾羽在尾后特形延长，可达25厘米。雄鸟具两种色型，均不同于紫寿带。

寿 带

雄鸟体长约30厘米，成年雄鸟的头、颈和羽冠均具深蓝色辉光，身体其余部分为白色而具黑色羽干纹。中央尾羽长达体躯的数倍，形似绶带。成年雌鸟羽冠较成年雄鸟短，尾羽也短，头、颈、羽冠黑色具蓝色辉光，其余羽色近似雄鸟，为赭色。眼暗褐色，喙钴蓝色，爪铅褐色。

寿带分布于土耳其、印度、

中国、东南亚及巽他群岛。在我国繁殖于华北、华中、华南及东南的大部地区。一般甚常见于低地林，地区性高可至海拔 1200 米。

生活习性

寿带在山区较之平原地带更为常见。喜匿栖树丛中，在东部沿海喜栖于水杉、槐树林。

寿带有时站在枝头远望，有时在林中穿飞，飞时长尾摇曳、飘荡，惹人喜爱，不善长飞，仅短距离即止。它们以昆虫为食，而且在空中追捕，从不在地面取食，捕虫时飞行甚速，张开它那蓝色大嘴，露出绿色的口腔和舌头，快速将松毛虫、金龟子、蛾子捉住。盛夏，在林子边缘一群"一枝花"，其中一对父母，带 4 只小鸟。它们像燕子一般，张着扁平宽阔的嘴，翩翩飞舞着，兜食小飞虫。

白色的雄鸟飞行时显而易见。通常从森林较低层的栖处捕食，常与其他种类混群。

春天，在山村附近的小树林里飞来一些极为漂亮的小鸟。它们的头蓝黑发亮，一簇飘逸的冠羽不时耸立张弛，腹部的羽明亮耀眼，背部紫栗色的羽毛闪着金属般的光辉。雄鸟的中央尾羽更为修长，超过了体长的四五倍，似两根飘带绚丽多彩。在茂林绿丛中宛如仙女下凡，又好似一朵飘动的鲜花，故有林中"一枝花"之称，它的名字叫寿带。

打那以后，这片林子里只能见到一对"一枝花"了，偶尔看见它们飘然而出，在草甸上衔起一根草，悠然地入林而去。它们在不高的小树枝杈上搭起了精致的巢，外形似一只酒杯，简直像一件工艺品。巢口遮着干苔藓，巢中还产上 4 枚指头大、乳白色的卵，卵的一端有紫色的斑点，晶莹得可

寿　带

爱。寿带非常机警，在产卵和孵化初期若受到人和其他动物惊扰，它们就会放弃巢舍卵而去，另建新家。

随着岁月的流逝，"一枝花"将变得浑身羽毛雪白，只是头还是那么乌黑发亮，仍有长长的白色尾羽，所以人们称它们为"寿带鸟"。

 知识点

金龟子

金龟子属无脊椎动物，昆虫纲，鞘翅目是一种杂食性害虫。除危害梨、桃、李、葡萄、苹果、柑橘等外，还危害柳、桑、樟、女贞等林木。常见的有铜绿金龟子、朝鲜黑金龟子、茶色金龟子、暗黑金龟子等。金龟子科是鞘翅目中的一个大科，种类很多。成虫体多为卵圆形，或椭圆形，触角鳃叶状，由9~11节组成，各节都能自由开闭。体壳坚硬，表面光滑，多有金属光泽。前翅坚硬，后翅膜质，多在夜间活动，有趋光性。有的种类还有拟死现象，受惊后即落地装死。成虫一般雄大雌小，危害植物的叶、花、芽及果实等地上部分。夏季交配产卵，卵多产在树根旁土壤中。幼虫乳白色，体常弯曲呈马蹄形，背上多横皱纹，尾部有刺毛，生活于土中，一般称为"蛴螬"。啮食植物根和块茎或幼苗等地下部分，为主要的地下害虫。老熟幼虫在地下作茧化蛹。金龟子为完全变态。全世界有3万多种，我国约有1300种，常见的有黑玛绒金龟、东北大黑鳃角、铜绿丽金龟和喜在白天活动的铜锣花金等，危害大豆、花生、甜菜、小麦、粟、薯类等作物。

 延伸阅读

寿带鸟饲养技巧

寿带鸟是最难饲养的笼鸟之一。由于它取食活的昆虫，以及捕食飞行中的

蛾类和蝇类，这在笼养情况下很难满足，因此多在捕获后 1－3 日内死亡。由于其体态美丽，国内自 20 世纪 50 年代初已多方设法饲养，到目前为止，饲养供观赏时间均不足一年。

　　新捕到的寿带鸟需结扎双翅，用绳拴缚其颈部，置支架上驯养诱食。最初以长的镊子夹取活动的蛾或蝇等，在其嘴前方晃动诱食；同时以生肉及少量的黄鹂混合粉料涂抹在其嘴边，也可用小毛刷子或毛笔等物蘸取混合饲料的汁液涂于其嘴上，使能开始进食。但是，必须将新捕到的寿带鸟放入较宽畅的鸟笼内，其笼外罩挂窗纱，笼底开洞接有捕蝇笼，捕得的蝇类可直接送入寿带鸟的笼内供它捕食。同时，可将死的蝇蛾插在竹扦上伸入笼内晃动引诱它啄食。经过 1—3 天诱喂后，可在其笼内供给面粉虫及死蛾或死蝇以及肉类等混合饲料，使它可以逐渐取食。当已接受死虫和混合饲料后，粪便及精神正常的寿带鸟，其饲料为生肉末、黄鹂混合粉料及面粉虫。笼舍需温暖而通风，冬季室温要在 18℃~25℃。若能设法获得尚未离巢的雏鸟进行人工育雏和驯养，其效果将会更好些。

戴胜鸟

基本特征

　　戴胜鸟头上具凤冠状羽冠；嘴形细长，自基处起稍向下弯；翅形短圆，初级飞羽 10 枚；尾长度适中而近方形，尾羽 10 片；跗蹠短而不弱，前后缘均具盾状鳞；趾基合并不完全，中趾与外趾仅并连于基部，内趾则游离。两性羽色相似。鸟喙骨仅左边存在，胸骨后切刻深，剑突宽、平；深蹠腱互相分离至屈趾长肌的分支，但自屈拇趾长肌有一韧带伸至中趾肌腱所连的肌片，连接点在趾根下方。

　　戴胜鸟头顶羽冠长而阔，呈扇形，颜色为棕红色或沙粉红色，具黑色端斑和白色次端斑。头侧和后颈淡棕色，上背和肩灰棕色，下背黑色而杂有淡棕白色宽阔横斑。初级飞羽黑色，飞羽中部具一道宽阔的白色横斑，其余飞羽具多

YIQI TANXUN NIAOLEI SHIJIE

道白色横斑。翅上覆羽黑色，亦具较宽的白色或棕白色横斑。腰白色，尾羽黑色而中部具一白色横斑。颏、喉和上胸葡萄棕色，腹白色而杂有褐色纵纹。虹膜暗褐色。嘴细长而向下弯曲、黑色，基部淡肉色。脚和趾铅色或褐色。

生活习性

戴胜鸟栖息于山地、平原、森林、林缘、路边、河谷、农田、草地、村屯和果园等开阔地方，尤其以林缘耕地生境较为常见。冬季主要在山脚平原等低海拔地方，夏季可上到3000米的高海拔地区。

戴胜鸟在中国生活长江以北，属于夏候鸟，一般夏季才会见到，多生活于树木茂密的森林，是有名的食虫鸟，以摄食地下金针虫、蝼蛄、步行虫等昆虫为生，它所吃的昆虫量，约占总食量的90%，多是农作物的害虫。

戴胜鸟

戴胜鸟用嘴在地面翻动寻找食物。飞行呈大波浪状，体态轻盈，颇为壮观。若遇敌害，它有一手绝招，从尾脂腺分泌出一种黑褐色油状液，气味极其恶臭，定使来犯者掩鼻而逃。多单独或成对活动。常在地面上慢步行走，边走边觅食，受惊时

戴胜鸟

飞上树枝或飞一段距离后又落地，飞行时两翅扇动缓慢，成一起一伏的波浪式前进。停歇或在地上觅食时，羽冠张开，形如一把扇，遇惊后则立即收贴于头上。性情较为驯善，不太怕人。鸣声似"扑—扑—扑"，粗壮而低沉。鸣叫时冠羽耸起，旋又伏下，随着叫声，羽冠一起一伏，鸣叫时喉颈部伸长而鼓起，头前伸，并一边行走一边不断点头。

戴胜鸟繁殖期4—6月。成对营巢繁殖。有时亦见有雄鸟间的争雌现象。雌鸟在一旁观望，最后和胜者结合成对。通常营巢于林缘或林中道路两边天然树洞中或啄木鸟的弃洞中。1年繁殖1窝，每窝产卵通常6~8枚，偶尔少至5枚，多至9枚，甚至有多到12枚的。卵为长卵圆形，颜色为浅鸭蛋青色或淡灰褐色。雌鸟产出第一枚卵后即开始孵卵。孵卵由雌鸟承担，孵化期18天。雏鸟晚成性。雏鸟刚孵出时体重仅3.5克，体长45毫米，全身肉红色，仅头顶、背中线、股沟、肩和尾有白色绒羽。雌雄亲鸟共同育雏。经过亲鸟26—29天的喂养，雏鸟即可飞翔和离巢。由于雏鸟的粪便亲鸟不处理，加之雌鸟在孵卵期间又从尾部腺体中排出一种黑棕色的油状液体，弄得巢很脏很臭，故戴胜鸟又有'臭姑姑'的俗名。

肌 腱

肌腱是肌腹两端的索状或膜状致密结缔组织，便于肌肉附着和固定。一块肌肉的肌腱分附在两块或两块以上的不同骨上，是由于肌腱的牵引作用才能使肌肉的收缩带动不同骨的运动。每一块骨骼肌都分成肌腹和肌腱两部分，肌腹由肌纤维构成，色红质软，有收缩能力，肌腱由致密结缔组织构成，色白较硬，没有收缩能力。肌腱把骨骼肌附着于骨骼。长肌的肌腱多呈圆索状，阔肌的肌腱阔而薄，呈膜状，又叫腱膜。

 延伸阅读

以色列国鸟

2008 年 05 月 29 日，以色列总统希蒙·佩雷斯在耶路撒冷宣布戴胜鸟为以色列的国鸟。这次活动是作为以色列建国 60 周年大庆的部分内容之一，由以色列保护自然协会发起，旨在引起国人对鸟类保护的关注。据统计，有 15 万以色列人对 10 种当地候选鸟进行了投票。公众的投票意见占 75%，由以色列的诗人，政客及学术代表组成的专家小组的意见占 25%。戴胜鸟获选原因是它美丽、尽职尽责，能照顾好自己的后代。戴胜鸟，嘴细长而弯曲，头上有棕栗色的羽冠，展开时犹如羽扇，性情驯服。